Matthias Schölliers

ABITUR WISSEN

Physische Geographie

Geomorphologie
Klimatologie
Bodenkunde
Geozonen

KLETT-PERTHES
Gotha und Stuttgart

Gedruckt auf Papier, das aus Altpapier hergestellt wurde.

Die deutsche Bibliothek – CIP-Einheitsaufnahme

Scholliers, Matthias
Abiturwissen: Physische Geographie

1. Auflage A 1 5 4 3 2 1 | 2004 2003 2002 2001 2000

Die letzte Zahl bezeichnet das Jahr dieses Drucks.

Internetadresse: http://www.klett-verlag.de/klett-perthes
E-Mail: klett-kundenservice@klett-mail.de

Redaktion und Produktion: Redaktionsbüro Klaus Feske

Einbandgestaltung: Bayerl & Ost, Frankfurt a.M.
Zeichnungen: Alexander Frank, Rudolf Hungreder
Druck: Wilhelm Röck, Weinsberg

ISBN 3-623-20032-8

Inhalt

Zur Benutzung dieses Bandes

Das zentrale Anliegen der neuen Bände des Fachbereichs Geographie in der Reihe *„Abiturwissen“* ist es, das für das Abitur relevante Wissen auf hohem fachlichen Niveau und in gut verständlicher Form bereitzustellen. Neu ist dabei die praxisnahe Orientierung dieser Bände, die in der Einbeziehung einer Operatorenliste, in den Übungsaufgaben mit Lösung und in der systematischen Erarbeitung des für das jeweilige Thema wichtigen Fachvokabulars sichtbar wird.

Die Wissensvermittlung

Das durchgängige Grundprinzip aller Bände ist die inhaltlich dichte und anschauliche Darstellung des für eine Abiturprüfung erforderlichen Wissens. Die Texte sind fast ausschließlich Autorentexte, die sich nach sachlogischen Zusammenhängen strukturieren. Auf die Einbeziehung von Quellentexten wurde weitestgehend verzichtet, um die gedankliche Geschlossenheit des Gesamttextes nicht aufzubrechen. Die ausgewählten Abbildungen dienen vor allem der Veranschaulichung zentraler Sachverhalte, sie sind keine Arbeitsmaterialien wie in den für den Kursunterricht der Sekundarstufe gedachten Schulbüchern. Aus diesem Grund gibt es auch keine Arbeitsaufgaben und keine eingehend behandelten räumlichen Fallstudien.

Die Bände *„Abiturwissen“* sind in erster Linie für den individuellen Gebrauch zur kursbegleitenden Benutzung und für die direkte Vorbereitung auf das Abitur gedacht. Sie bieten das allgemeingeographische Hintergrundwissen als tragfähiges Fundament für die Behandlung aktueller Fallstudien und regionaler Beispiele im Unterricht. Der Kursunterricht und das Selbststudium der Bände *„Abiturwissen“* ergänzen sich somit. Das schließt nicht aus, dass die Bände zur Schaffung eines einheitlichen Kurswissens für alle Kursmitglieder angeschafft werden und als Wissensgrundlage für die im Unterricht schwerpunktartig zu behandelnden Fallstudien dienen.

Die inhaltliche Gliederung geschieht nach dem Dezimalprinzip: Die erste Ziffer bezeichnet die Hauptkapitel, die zweite Ziffer die jeweiligen Unterkapitel. Die halbfetten Zwischenüberschriften untergliedern die Unterkapitel ein weiteres Mal, haben aber keine Zählung. Diese Gliederungsebenen bilden auch das Inhaltsverzeichnis, das somit einen treffsicheren Zugriff auf die unterschiedlichen Inhalte ermöglicht.

Die Operatoren

Operatoren sind diejenigen Verben in den Aufgabenformulierungen einer Klausur, die dem Prüfling sagen, was er machen soll. Sie werden auch Handlungsanweisungen genannt. Sie sind genauestens zu beachten; das ist eine Grundvoraussetzung für die erfolgreiche Anfertigung einer Klausur. Um ein Beispiel zu geben: Wenn es in der Aufgabenstellung heißt: *„Be-*

werten Sie ..." einen bestimmten Sachverhalt und Sie erklären diesen nur, so kann das nicht als ausreichende Leistung anerkannt werden, weil Sie dann an der Aufgabenstellung vorbeigeschrieben haben. Wie die Definitionen der Operatoren in der Liste auf Seite 8 zeigen, lassen sich aber nicht alle Operatoren so klar gegeneinander abgrenzen wie „*bewerten*" und „*erklären*".

Die Liste umfasst die in allen Bundesländern wichtigen Operatoren. In den Ländern ohne Zentralabitur sollten die Verfahrensweisen und Angewohnheiten des jeweiligen Referenten, d.h. des Lehrers, der die Abituraufgaben erarbeitet hat, auf jeden Fall berücksichtigt und gegebenenfalls erfragt werden.

Konkret: Wie füllt er bzw. sie den Operator „*interpretieren*" mit Inhalt, was wird genau erwartet? Das kann im Einzelfall durchaus unterschiedlich sein. Eine Hilfe kann hier die Analyse der bisher geschriebenen Oberstufenklausuren sein.

Die Operatoren werden drei Anforderungsbereichen (AFB) zugeordnet. Der AFB 1 hat seinen Schwerpunkt in der Wiedergabe von Wissen. Typische Operatoren sind: wiedergeben, benennen, beschreiben. Etwas zu wissen wird oft als das Wichtigste in einer Prüfung angesehen. Das ist nicht grundsätzlich verkehrt, aber die reine Wiedergabe dieses Wissens hat in einer Abituraufgabe nur einen vergleichsweise geringen Stellenwert. Das heißt, die Aufgaben des ABF 1 haben eine geringe Wertigkeit, sie zählen weniger für das Gesamtergebnis der Klausur als die anderen Anforderungsbereiche. Deshalb ist es falsch, auf die Bearbeitung der ersten Aufgabe, die oft dem AFB 1 gewidmet ist, besonders viel Zeit zu verwenden und das erworbene Wissen in allen Details auszubreiten. Das führt in der Regel dazu, dass anschließend zu wenig Zeit bleibt für die angemessene Erledigung der weiteren Aufgaben, und das wirkt sich negativ auf das Gesamtergebnis aus.

Der Anforderungsbereich 2 hat seinen Schwerpunkt in der Anwendung von Wissen. Das ist der höhere Anspruch. Hier muss das erworbene Wissen auf neue, unbekannte Sachverhalte und Materialien angewendet werden, hier geht es um Tranferleistungen und um die Anwendung methodischer Fertigkeiten, z.B. bei der Auswertung von Materialien. Entscheidend ist im AFB 2, dass man gelernt hat, die vorgegebenen Materialien sachkundig und systematisch auszuwerten. Um dies zu üben, gibt es im Verlag *Klett-Perthes* ein spezielles Arbeitsheft, die „*Geomethoden*". Der AFB 2 bildet den Schwerpunkt jeder Abiturklausur. Typische Operatoren des AFB 2 sind: *erläutern, erklären, analysieren.*

Der AFB 3 ist der anspruchsvollste Anforderungsbereich, zählt aber nicht so viel wie der AFB 2. Es geht beim AFB 3, der meist in der letzten Aufgabe einer Klausur vorkommt, um eine eigene Bewertung eines Sachverhaltes, um ein eigenständiges und überzeugend begründetes Urteil. Typische Operatoren sind: *bewerten, beurteilen, Stellung nehmen, erörtern.* Wesentliche Bewertungskriterien beim AFB 3 sind die Zahl der verschiedenen Aspekte, die Qualität der Begründung der eigenen Meinung und die Ausgewogenheit der Argumentation. Das sollten Sie auch gezielt berücksichtigen.

Operatorenliste

1. *Nennen*	unkommentierte Informationen bzw. allgemein Gültiges anführen/wiedergeben
2. *Beschreiben*	exakte Angaben aus vorgegebenen Material machen (exakte Bestandsaufnahme)
3. *Belegen*	einen Sachverhalt aus vorgegebenem Material richtig angeben (zitieren, aus Graphik ablesen)
4. *Gliedern*	Informationen in eine logische Reihenfolge oder in eine systematische Ordnung bringen
5. *Ein-/Zuordnen*	Informationen aus vorgegebenem Material in einen erkannten oder gelernten Zusammenhang einfügen
6. *Charakterisieren/ Kennzeichnen*	einen Sachverhalt unter einem leitenden Gesichtspunkt in seinen Grundzügen beschreiben
7. *Aufzeigen und beschreiben*	charakteristische Merkmale in vorgegebenem Material auffinden
8. *Gegenüberstellen*	Informationen, Sachverhalte, Argumente/Wertungen beschreibend einander gegenüberstellen (keine Wertung)
9. *Darstellen/ Darlegen*	einen Sachverhalt/Tatbestand ausführlich wiedergeben
10. *Untersuchen/ Analysieren/ Erarbeiten*	an Informationen (meist aus vorgegebenem Material)gezielte Fragen stellen, diese beantworten und die Antworten begründen
11. *Vergleichen*	Vergleichbares gewichtend einander gegenüberstellen und ein Ergebnis formulieren (auch mit Tabelle)
12. *Begründen*	komplexe Grundgedanken aufgrund vorgegebenen Materials und/oder aus eigenem Wissen/Erkenntnissen zusammenhängend dar stellen; entscheidend dabei ist der folgerichtige, schlüssige Gedanken gang
13. *Erklären*	Ursachen von Informationen durch eigenes Wissen/eigene Einsichten ermitteln und in einem Zusammenhang einordnen/Informationen durch eigene Einsichten in einem Zusammenhang (Theorie/Regel/Gesetz/Funktionszusammenhang) einordnen und kausal begründen
14. *Erläutern*	Beschreiben und erklären
15. *Erörtern*	zu einer vorgebenen Problemstellung eigene Gedanken entwickeln und zu einem abgewogenen Sachurteil führen. Dabei müssen verschiedene Standpunkte angeführt und begründet werden (Argumente/Beispiele)
16. *Beurteilen*	eine Mehrzahl von Hypothesen im Zusammenhang prüfen und eine Aussage über Richtigkeit, Wahrscheinlichkeit, Angemessenheit und Anwendbarkeit machen, wobei die Kriterien selber gefunden werden müssen; erfordert in der Regel längere Argumentationsreihen als *„begründen“*
17. *Bewerten*	Erfordert über *„beurteilen“* hinaus den Bezug auf eine detaillierte Wertordnung, um über eine Problemlösung angemessen zu entscheiden

Die Übungsaufgaben

Am Schluss mehrerer Kapitel finden Sie kurze Übungsaufgaben, „*Abi-Übung*" genannt, die sich inhaltlich auf das vorangegangene Kapitel beziehen. Sie sind vom Umfang her mit einer Teilaufgabe einer Abiturklausur zu vergleichen. Am Schluss des Bandes findet sich eine komplexe Aufgabenstellung, die etwa den Umfang einer vollständigen Abiturklausur im Leistungskurs hat. So haben Sie mehrere Möglichkeiten, ihre methodischen Fertigkeiten zu üben. Diese Aufgaben sollten Sie in jedem Fall schriftlich ausformulieren. So bekommen Sie eine Gefühl für die Zeit, die Sie benötigen. Die Zeit, die ihnen konkret zur Verfügung steht, und der Umfang der Aufgabenstellung variieren aber von Bundesland zu Bundesland. Hier sollten Sie sich rechtzeitig informieren. Für alle Übungsaufgaben gibt es eine knapp formulierte Lösung am Schluss des Bandes. Sie würden sich ihrer Übungsmöglichkeiten berauben, wenn Sie vor dem Abschluss der eigenen Lösung dort nachschlagen.

Das Fachvokabular

Das Beherrschen der geographischen Fachsprache ist ein wichtiges Bewertungskriterium für die Abiturklausuren. Deshalb führt Sie dieser Band systematisch in das komplette Vokabular ein, das zur Thematik dieses Bandes gehört.

Alle Fachbegriffe sind einmal blau gedruckt, und zwar an der Stelle, wo sie auch erklärt werden. Die knappen Definitionen stehen in der Randspalte oder der Begriff erklärt sich aus dem Textzusammenhang und taucht dann nicht noch einmal gesondert in der Randspalte auf. Sollten Sie an einer anderen Stelle auf einen Ihnen erklärungsbedürftigen Begriff stoßen, so schlagen Sie im Index der Fachbegriffe nach. Dort steht ein Verweis auf die Seite, wo dieser Begriff definiert wird. Das Indexverzeichnis eignet sich auch zum systematischen Überprüfen des eigenen Kenntnisstandes. Vergessen Sie nicht, in der Klausur die erworbene Fachsprache anzuwenden. Wo immer sinnvoll, sollte der entsprechende Fachausdruck verwendet werden. Ein verbreiteter Fehler ist, den Begriff in Klammern zu setzen. Tun Sie das auf keinen Fall, sondern verwenden Sie ihn ganz normal im Text.

Weitere wichtige Hinweise für Abiturklausuren

Die beiden zentralen Gesichtspunkte der Bewertung sind der Aufgabenbezug und der Materialbezug.

Die Aufgabenstellung darf an keiner Stelle aus dem Blick geraten. Alle Exkurse, die nur belegen sollen, wie gut man sich inhaltlich vorbereitet hat, sind zu vermeiden. Alle Ausführungen müssen der Erledigung der Aufgabenstellung dienen. Gleiches gilt für den Materialbezug. Falsch ist: ein Alibisatz zum Material und dann die reine Wiedergabe dessen, was man gestern zufällig noch wiederholt hat und was doch scheinbar prima zum Thema des Materials passt. Wenn das Gelesene nicht zufällig den in der Aufgabenstellung geforderten Erklärungshintergrund für die Aussagen des Materials darstellt, hat es hier nichts zu suchen. Das Material sollten möglichst erschöpfend ausgewertet werden. Den Blick für das aussagekräftige Detail muss man schrittweise entwickeln.

Die Ausführungen müssen sinnvoll gegliedert sein: zuerst ein Einleitungssatz zur Themenstellung des zu bearbeitenden Materials, dann die wichtigsten Aussagen des Materials, anschließend die interessanten Details, und zum Schluss ein zusammenfassendes Fazit, das die Materialauswertung auf den Punkt bringt.

Der Atlas als meist erlaubtes Hilfsmittel sollte wo immer möglich ausgiebig genutzt werden. Ihm lassen sich viele konkrete Hintergrundinformationen über Beispielländer oder regionale Fallstudien entnehmen. Dies wird oft sträflich vernachlässigt.

Zwischen den einzelnen Teilaufgaben und den Materialien lassen sich oft inhaltliche Bezüge herstellen. Tun Sie das. So wird aus ihrer Abiturklausur ein geschlossenes Ganzes.

Und zum Schluss: Wahren Sie Zeitdisziplin. Die besten Formulierungen zur ersten Aufgabe zählen nichts, wenn Sie nicht auch die vierte Aufgabe angemessen und ohne Zeitnot abschließen können.

Viel Freude bei der Arbeit mit den Bänden „*Abiturwissen*" und guten Erfolg im Abitur wünschen Ihnen die Autoren.

Karin Krause *Matthias Scholliers* *Werner Wallert*

Einleitung

Die Erde ist der dritte Planet von der Sonne aus und der fünftgrößte der neun größeren Planeten unseres Sonnensystems. Sie ist der einzige bekannte Planet, auf dem Leben möglich ist, obwohl auch einige andere Planeten Atmosphären und Wasser aufweisen.

Atmosphäre: Gashülle von Himmelskörpern, meist Lufthülle der Erde

Ihre wichtigsten Daten sind:

- Mittlere Entfernung zur Sonne: 149 503 000 km
- Form: Ellipsoid, auch Geoid genannt
- Äquatorumfang: 40 076,5 km
- Meridianumfang: 40 008,6 km
- Äquatordurchmesser: 12 756,34 km
- Polardurchmesser: 12 713,54 km
- Oberfläche: 510 100 000 km^2
- Volumen: 1 083 230 000 000 km^3
- Mittlere Dichte (Wasser = 1): 5,52
- Masse: 5,98 x 10^{21} Tonnen
- Höchste Temperatur: 58 °C in Al Asisjja, Libyen
- Niedrigste Temperatur: -89,6 °C in Wostok-Station, Antarktis
- Mittlere Oberflächentemperatur: 14 °C
- Alter der Erde: Etwa 4,65 Milliarden Jahre
- Umfang der Erdbahn: 938 900 000 Kilometer
- Geschwindigkeit der Erde: 20,1 km pro Sekunde oder 72 360 km/h
- Dauer der Erddrehung: 23 Stunden, 56 Minuten und 4,1 Sekunden
- Geschwindigkeit der Erddrehung am Äquator: 1 600 km/h
- Geschwindigkeit der Erddrehung am 45. nördlichen Breitenkreis: 1 073 km/h

Meridian: Längenkreis

Geosphäre: dreidimensionaler Raum an der Erdoberfläche

Reliefsphäre: Begriff für den dreidimensionalen Raum der Erdoberfläche, der durch endogene und exogene Vorgänge gebildet wird

Geofaktor: oft auch im Sinne von Landschaftselement gebraucht; Teil einer Landschaft

Relief: Sammelbegriff für die Formen der Erdoberfläche

Pedosphäre: oberster Bereich der Erdkruste, in dem die Bodenbildungsprozesse ablaufen

Hydrosphäre: der von Wasser erfüllte Teil der Geosphäre

Biosphäre: der belebte Teil der Geosphäre

Lithosphäre: unterster Teil der Geosphäre; feste Gesteinskruste der Erde

Der vorliegende Band untersucht die Vorgänge in der Geosphäre.

Die Geosphäre ist das vernetzte System aus

- der Reliefsphäre mit den Geofaktoren geologischer Bau und Relief,
- der Atmosphäre mit dem Geofaktor Klima,
- der Pedosphäre mit dem Geofaktor Boden,
- der Hydrosphäre mit dem Geofaktor Wasser und
- der Biosphäre mit den Geofaktoren Pflanzen- und Tierwelt.

In die Lithosphäre wird neben dem Gestein der Erdkruste auch die Verwitterungs- und Bodenschicht (Pedosphäre) einbezogen.

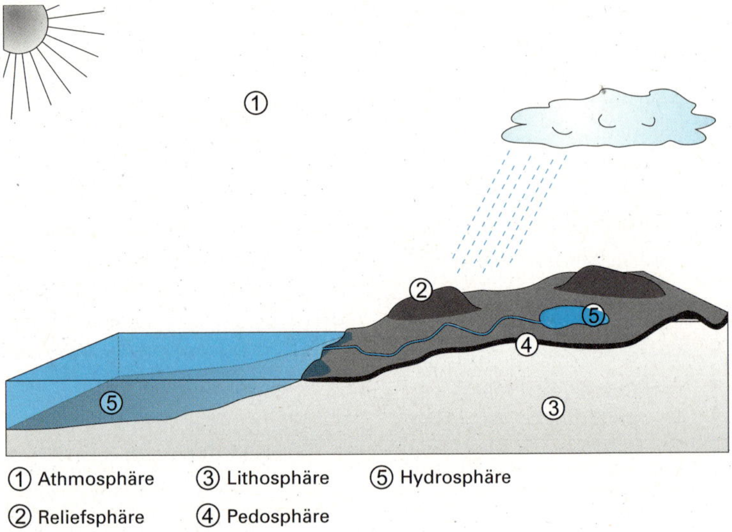

Geosphäre (ohne Biosphäre)

Geozonen: System von Großlandschaftstypen mit jeweils deutlichen Gemeinsamkeiten beim Klima, bei der Vegetation und teilweise auch bei den Böden

Aus den vielfältigen Beziehungen der einzelnen Geofaktoren untereinander entstehen unterschiedliche Landschaften, die zu übergeordneten Einheiten, den weitgehend zonal angeordneten Geozonen oder auch Landschaftszonen zusammengefasst werden.

Die Gestaltung der Reliefsphäre durch innere Kräfte: Endogene Dynamik 1

Die Erdoberfläche besteht zu 29,2 % (149 Mio. km^2) aus Festland und zu 70,8 % (361 Mio. km^2) aus Ozeanen. Die Verteilung von Ozeanen und Kontinenten und die vielfältigen Oberflächenformen der Erde lassen sich durch eine Kombination von endogenen und exogenen Vorgängen erklären. Prägend sind im Wesentlichen Krustenbewegungen, letztendlich hervorgerufen durch atomare Prozesse im Erdinnern, zum Zweiten die unterschiedliche Gesteinsbeschaffenheit und zum Dritten die gestaltende Wirkung von Klima und Vegetation.

endogen: aus dem Erdinnern wirkend

exogen: von außen wirkend

1.1 Die Theorie der Kontinentalverschiebung

Im Januar 1912 trug *Alfred Wegener* (1880–1930) seine Theorie der Kontinentalverschiebung vor. Nach ihr werden die Kontinente auf der Erdoberfläche bewegt. Der Gedanke dazu war ihm bereits zwei Jahre vorher gekommen, als er eine Weltkarte betrachtete. Er ging der Vermutung, dass die heutigen Erdteile ineinander passende Fragmente eines einzigen, Pangäa genannten Urkontinents sind, aber erst dann nach, als er die ersten Belege dafür hatte. Indizien für seine Theorie der Kontinentalverschiebung sind u. a.:

- die Küstenkonturen von Afrika und Südamerika stimmen gut überein;
- die Gebirge im Westen von Nord- und Südamerika können durch die Bewegung der Kontinente nach Westen erklärt werden: durch den Schub kommt es zur Auffaltung;
- Steinkohlenflöze in der Antarktis und auf Spitzbergen müssen äquatornah entstanden sein: Steinkohlenwälder entstehen nur unter subtropisch/tropischen Bedingungen;
- Ähnlichkeiten in der Tier- und Pflanzenwelt beiderseits des Atlantiks, insbesondere bei Fossilienfunden sowie
- das Vorkommen von Gletscherablagerungen und Gebirgszügen, die sich beiderseits der Ozeane an den Rändern der Kontinente fortsetzen.

Wegener konnte sich mit seiner Theorie nicht durchsetzen, weil er den Antrieb für die Verschiebung der Kontinente nicht erklären konnte.

1.2 Schalenbau der Erde

Die Theorie der Plattentektonik beschreibt den Aufbau und die Dynamik der äußersten Schicht der Erde. Diese besteht aus mehreren Teilen, den Platten, die sich relativ zueinander bewegen.

Seismographie: Beschreibung und Erforschung von natürlichen und künstlichen Erdbebenwellen

Diese Theorie konnte nur durch den Einsatz modernster Technik im Bereich übertiefer Bohrungen und der Seismographie gebildet werden.

Mit übertiefen Bohrungen (z. B. in Windischeschenbach/Oberpfalz mit etwa 10 km oder auf der Halbinsel Kola/Russland mit 12 km) kann freilich nur eine dünne äußere Schicht der Erde mit ihrem Radius von durchschnittlich 6 371 km erkundet werden. Der Nutzen liegt darin, dass mit diesen Bohrungen das Modell des Erdaufbaus, das mit Hilfe der Seismographie gewonnen wurde, bestätigt und ergänzt wird.

Hypozentrum: Zentrum eines Erdbebens in der Tiefe

Erdbeben verursachen Erschütterungen, die sich vom Hypozentrum als Erdbebenwellen in Form von Druckwellen (P-Wellen) und Scherwellen (S-Wellen) in alle Richtungen ausbreiten.

Seismograph: Gerät das die Amplituden von Erdbebenwellen in Form eines Diagramms (Seismogramm) aufzeichnet

Diskontinuität: Ungleichheiten

Rund um den Globus können diese seismischen Wellen nach Durchquerung des Erdinnern mit Hilfe von Seismographen als Seismogramme aufgezeichnet werden.

Die gezielte Erforschung des Erdinnern mit künstlich ausgelösten seismischen Wellen ergab, dass sich die Wellen keinesfalls gleichmäßig ausbreiten. In bestimmten Bereichen treten Diskontinuitäten auf, die nur durch Strukturänderungen im Erdinnern, an denen die Wellen reflektiert oder gebrochen wurden, erklärt werden konnten. Diese Daten führten zu einem ersten Schalenmodell des Erdaufbaus aus äußerer Kruste, darauf folgendem Mantel und innerem Kern, wobei die Schalen durch Diskontinuitäten getrennt werden. Weitere Forschungen lieferten ein sehr differenziertes Bild des Schalenbaus der Erde.

Konvektionsströme: Magmaströmungen im Erdkern und im Erdmantel, die durch unterschiedliche Temperaturen ausgelöst werden

Asthenosphäre: Schwächezone, wird aus Teilen des Mantels und der Kruste gebildet

Lithosphäre: feste Gesteinskruste der Erde

Während früher das Erdinnere nur in Erdkern, Erdmantel und Erdkruste unterteilt wurde, hat sich heute das Bild vom Aufbau der Erde verfeinert: der Erdkern wird in einen festen inneren und einen flüssigen äußeren Kern mit Konvektionsströmen unterteilt. Der Übergang zum festen unteren Mantel ist durch eine Diskontinuität gekennzeichnet. Der obere Mantel besteht aus einem zähflüssigen Teil, dem die zähplastische Asthenosphäre auflagert. Den oberen Teil der Kruste bildet die Lithosphäre, die sowohl ozeanische wie auch kontinentale Krustenanteile hat.

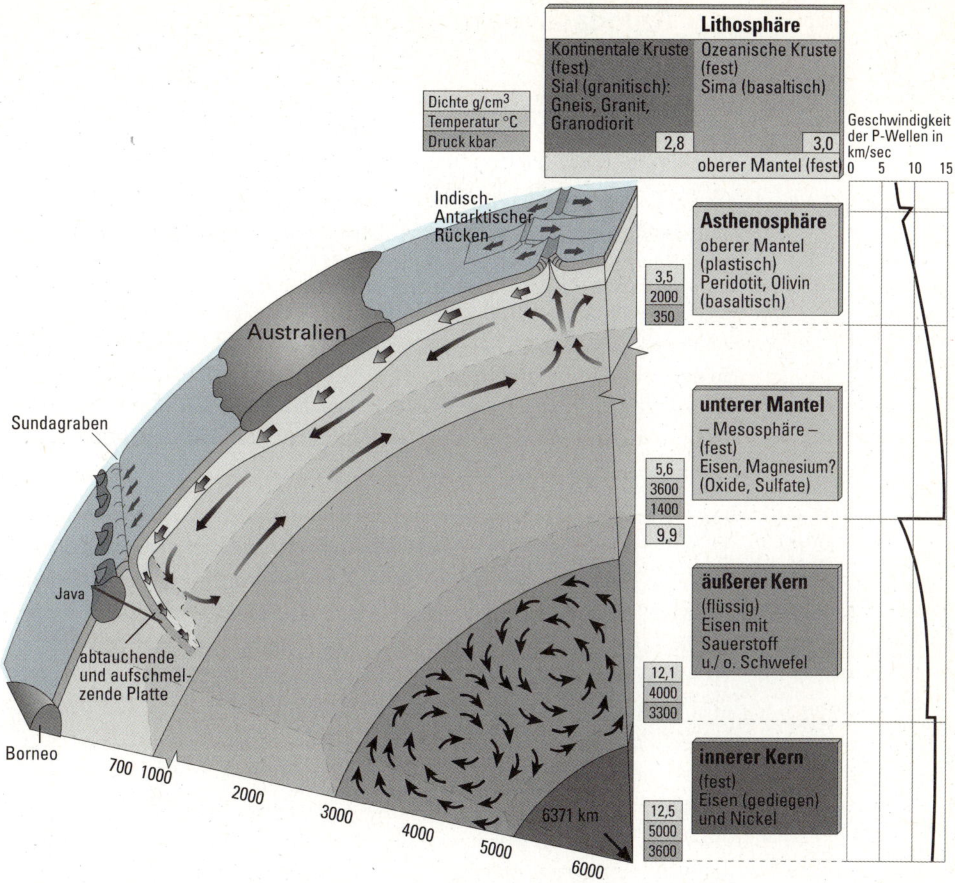

Modell des Erdaufbaus
nach Hans-Ulrich Bender u. a.: TERRA Erdkunde 11, Gymnasium Baden-Württemberg. Stuttgart 1995, S. 9

1.3 Grundaussagen der Plattentektonik

Ausgehend von *A. Wegeners* Theorie der Kontinentalverschiebung entwickelten Wissenschaftler ab 1960 die Theorie der Plattentektonik. Nach dieser Theorie besteht die Lithosphäre aus einzelnen Platten: den sechs Großplatten (Eurasische, Afrikanische, Süd- und Nordamerikanische, Pazifische, Indisch-Australische und Antarktische Platte) und weiteren Kleinplatten.

Die Platten selbst können aus einem ozeanischen und/oder kontinentalen Anteil bestehen. Ihre Grenzen sind teilweise direkt an der Erdoberfläche zu erkennen, so z.B. im Bereich der kalifornischen San-Andreas-Verwerfung. Indirekt werden die Plattengrenzen durch die linienhafte Anordnung von Vulkanen und Erdbebenherden an der Erdoberfläche sichtbar bzw. messbar.

Der Antriebsmechanismus der Plattenbewegung sind thermische Konvektionsströme im oberen Mantel und möglicherweise auch im äußeren Erdkern. Diese werden durch eine kontinuierliche Wärmeabgabe der Erde seit etwa einer Mrd. Jahren hervorgerufen. In diesen Konvektionsströmen steigt heißes Magma aus dem Mantel zur Erdoberfläche auf. Ein Teil des Magmas kann die Lithosphäre durchstoßen und erstarrt an der Erdoberfläche. Der größte Teil des aufsteigenden Magmas strömt in der Asthenosphäre parallel zur Erdoberfläche zur Seite und schleppt dabei die Platten mit, die also passiv bewegt werden. Die Driftgeschwindigkeit der Platten beträgt bis zu 10 cm pro Jahr.

Magma: Glutflüssiges Gesteinsmaterial aus dem Erdinnern

Beim Auseinanderweichen (Divergenz) zweier Platten wird neue ozeanische Lithosphäre und ein Mittelozeanischer Rücken gebildet. Es bildet sich ein untermeerisches Gebirge mit einem zentralen Einschnitt, dem Rift-Valley.

Bei der Kollision von Platten (Konvergenz) kommt es im Fall der Subduktion zum Abtauchen der schweren ozeanischen Platte unter die kontinentale Platte und damit zur Zerstörung von Lithosphäre. Es bildet sich ein Tiefseegraben. Beim Zusammenprall von zwei kontinentalen Platten entsteht durch Über- und Unterschiebung ein Faltengebirge.

Eine Besonderheit weisen die Mittelozeanischen Rücken in ihrem Verlauf auf: die Transform-faults. Die Plattengrenze verläuft nicht als direkte gerade Linie, sondern weist immer wieder seitliche Versatzstrecken auf. Ursache dieser Versatzstrecken sind unterschiedliche Bewegungsraten der Platten, beeinflusst durch die Erdrotation.

Mittelozeanischer Rücken: untermeerische Gebirge. Sie markieren die Linien, an denen sich die Konvektionsströme teilen und neuer Ozeanboden gebildet wird.

Rift Valley: in der Mitte der ozeanischen Rücken verlaufendes Längstal

Subduktion: Unterschiebung

Transform-faults: Querverwerfungen

Mögliche Bewegungsrichtungen der Platten sind:

	Bewegungsrichtung der Plattenränder		
	divergierend	**konvergierend**	**konservierend**
Morphologische Form	*Mittelozeanischer Rücken*	1. *Tiefseegraben mit Hochgebirge* (ozeanische Kruste taucht unter kontinentale Kruste: Subduktion) 2. *Faltengebirge* (kontinentale Kruste kollidiert mit kontinentaler Kruste) 3. *Inselbogen mit Vulkanen* (ozeanische Kruste mit ozeanischer Kruste)	*Transform-Faults*
Beispiele	Amerikanische Platte /Afrikanische Platte: *Mittelatlantischer Rücken*	1. Nazcaplatte/ Südamerikanische Platte: *Atacamagraben* 2. Indisch-Australische Platte/Eurasische Platte: *Himalaya* 3. Philippinische Platte und Pazifische Platte: *Marianen-Inseln*	Pazifische Platte/ Nordamerikanische Platte: *San-Andreas-Verwerfung*

Typisierung von Plattenbewegungen

Wilson-Zyklus

Die Bewegungsvorgänge der Plattentektonik sind zyklische Vorgänge. Der kanadische Geologe *Wilson* hat dies am Beispiel des kaledonischen Gebirges in Nordschottland und des Nordatlantiks untersucht. Ausgangspunkt dieses Wilson-Zyklus ist ein Großkontinent. Dieser Kontinent bricht auseinander; es folgt über verschiedene Stadien eine Ozeanbildung. Aufgrund verschiedener Vorgänge (z.B. Verdichtung der Kruste durch Alterung) wird dann eine Rückwärtsbewegung eingeleitet, die am Ende über ein Subduktionsstadium zu einer Kontinent-Kontinent-Kollision führt, mit dem Ergebnis eines neuen Großkontinents. *Wilson* veranschlagt für die Dauer eines Zyklus etwa 200 Mio. Jahre.

Die acht Stadien dieses Zyklus lassen sich weltweit durch einzelne Beispiele belegen, wie die nachfolgende Abbildung des Wilson-Zyklus zeigt:

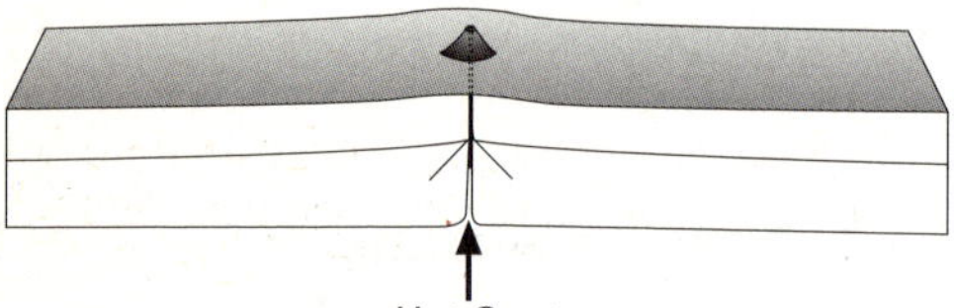

1. Ruhephase
Am Anfang der Entwicklung haben wir eine kontinentale Platte in Ruhe. Im Erdmantel befindliche Schmelzbereiche, sog. „Hot Spots“, können die Ursache für einen in dieser Zeit auftretenden kontinentalen Innerplatten-Vulkanismus sein, der zu Vulkanbergen führen kann (z.B. Eifel). Befindet sich ein solcher „Hot Spot“ unter ozeanischer Kruste, so können sich Berge eines ozeanischen Intraplatten-Vulkanismus bilden (z.B. Hawaii).

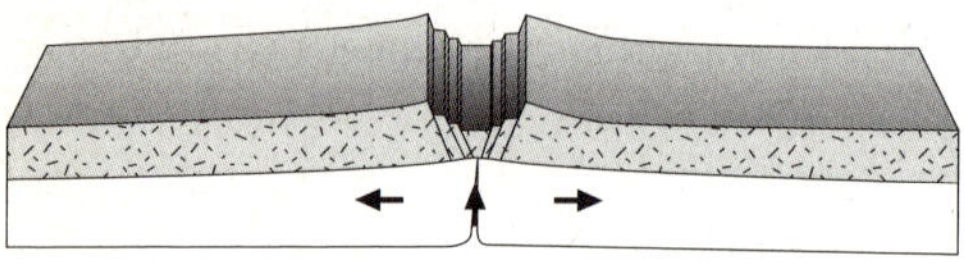

2. Graben-Stadium
Im Innenbereich einer kontinentalen Platte können sich (etwa im Scheitelbereich der Aufwölbung über einem „Hot Spot“) Grabenbrüche (kontinentale Rifts) bilden. Entlang der im Graben entstandenen Verwerfungen kann es zur Vulkanbildung kommen (z.B. Oberrheinebene).

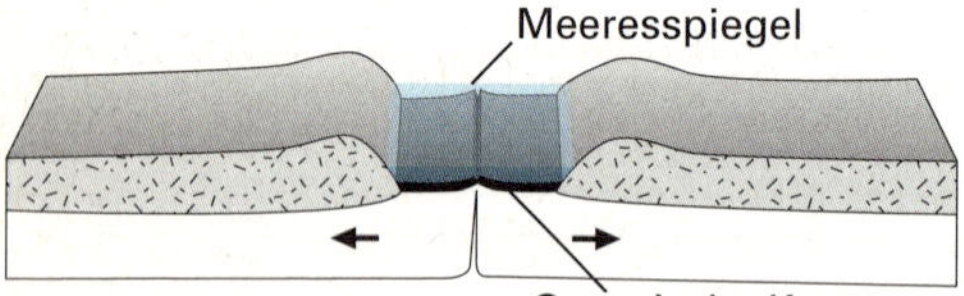

3. Rotes Meer-Stadium
Der Graben kann sich absenken und erweitern. Lava strömt ein und bildet zwischen den beiden Teilen der ehemals zusammenhängenden kontinentalen Platte eine schwere ozeanische basaltische Kruste, die auf der Erde gewöhnlich das Meer bedeckt; ein neuer Ozean entsteht.

4. Atlantik-Stadium
Der entstandene Ozean befindet sich im Zustand der Öffnung, an seinen Rändern findet keine Gebirgsbildung statt. Weiterhin tritt aus sogenannten ozeanischen Riftzonen Lava am Meeresboden aus, die sich nach den Seiten ausdehnt. Sie kann sich zu Gebirgen auftürmen, die weit über den Meeresspiegel herausragen können (z. B. Island).

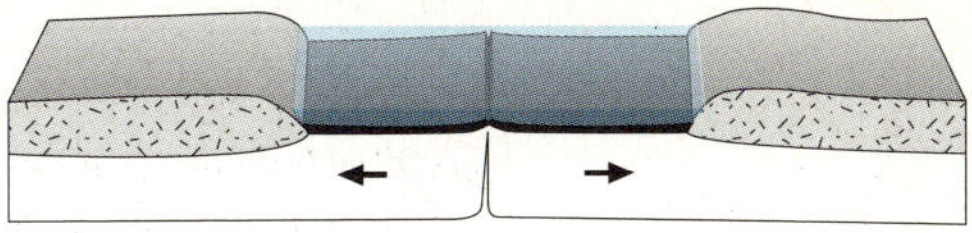

5. Pazifik-Stadium
Durch planetenweit wirksame Vorgänge kommt die Ausdehnung zum Stillstand und kehrt sich in eine Einengung um. Der entstandene Ozean wird nun wieder kleiner. Dabei wird dann (an seinen jetzt aktiven Rändern) schwerer ozeanischer Boden gewöhnlich unter die leichtere kontinentale Kruste gedrückt und gezogen (Subduktion). Über solchen Subduktionszonen kommt es zur Aufschmelzung von Gestein und zum Magmaaufstieg durch die kontinentale Kruste. Vulkane entstehen; ferner bilden sich im Bereich der Subduktion Tiefseegräben, Faltengebirge oder Inselbögen (z. B. Pazifik).

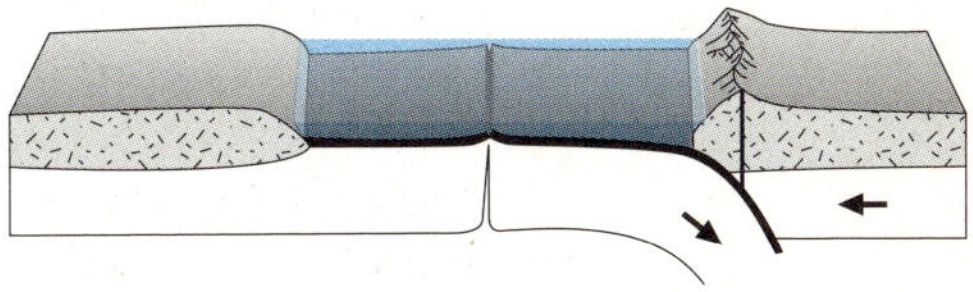

6. Mittelmeer-Stadium
Die Einengung des Ozeans wird stärker, die Faltung mariner Ablagerungen führt zu weiterer Gebirgsbildung. Die Kollision der bisher getrennten leichten kontinentalen Krustenteile setzt an verschiedenen Stellen ein.

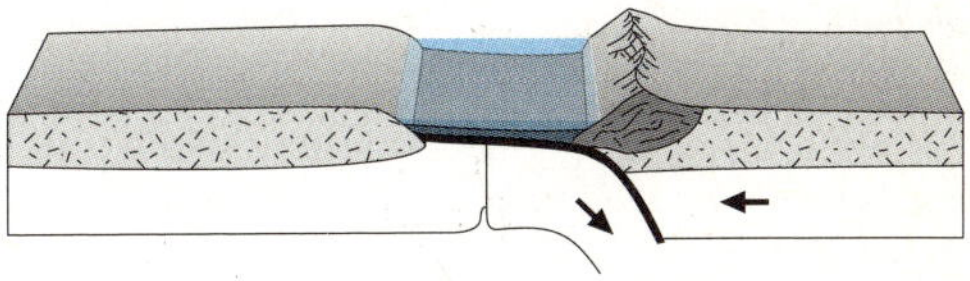

7. Himalaya-Stadium
Nun kommt es zur Kollision beider kontinentaler Krustenteile. Es entstehen Deformationen, Faltungen und Deckenbildungen. Durch Heraushebung der so gebildeten tektonischen Komplexe kommt es zur Entwicklung von Gebirgen. Solche Gebirgsbildung kann schließlich auch Auswirkungen auf das Umland (Brüche, Vulkanismus) haben (z. B. Bodensee, Hegau).

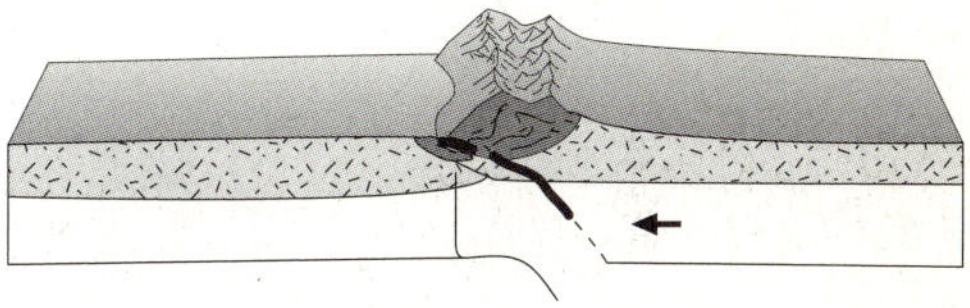

8. Ruhephase
Nach der Kollision der beiden kontinentalen Krustenteile und nach der Heraushebung des so gebildeten Hochgebirges können nochmals gewaltige Massen vulkanischen Materials gefördert werden (z. B. Bozener Porphyrgebiet). Inzwischen ist wieder eine einheitliche Platte vorhanden, nur die Zone des Zusammenstoßes der beiden Krustenteile ist oft noch als sog. „Sutur-Bereich" erkennbar. In der abschließenden Phase tektonischer Ruhe erfolgt die Abtragung des Faltengebirges. Am Ende haben wir wieder eine kontinentale Platte in Ruhe. Ein neuer Zyklus kann beginnen oder hat vielleicht schon begonnen.

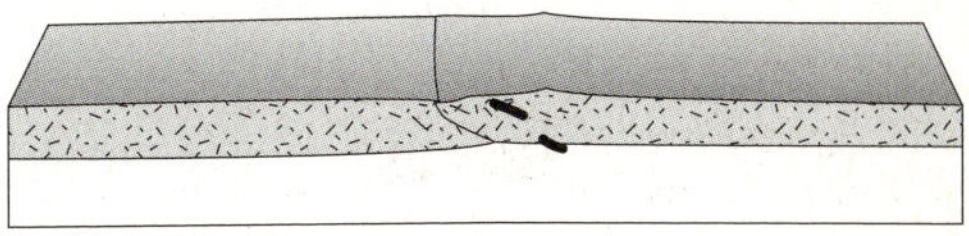

nach Walter Grau: Ein dynamischer, ein lebendiger Planet. geographie heute, H. 66, 1988, S. 45

1.4 Beweise für die Plattentektonik

Technischer Fortschritt war die Voraussetzung für die Entwicklung der Theorie der Plattentektonik. Nach dem zweiten Weltkrieg konnte der Ozeanboden mittels Echolot, Forschungs-U-Booten und Tiefbohrungen erforscht werden. Die Untersuchung des Meeresbodens führte zu folgenden Ergebnissen:

Kalium-Argon-Methode: Methode der Altersbestimmung, welche auf den Verfall von einzelnen Elementen zurückgreift

- Der Ozeanboden besteht im Bereich des Mittelatlantischen Rückens aus einem Gebirge mit zentralem Einschnitt, dem Rift-Valley.
- Mit zunehmender Entfernung vom Rift-Valley nimmt beiderseits das Alter der ozeanischen Kruste zu. Das gilt sowohl für die abgelagerten Basalte (magmatische Gesteine) aus dem Rift-Valley, wie auch für die Sedimentgesteine. Hierzu verwendete man verschiedene Methoden der radiometrischen Altersbestimmung, zum Beispiel die Kalium-Argon-Methode.
- Ebenso nimmt mit der zunehmenden Entfernung vom Rift-Valley die Mächtigkeit der abgelagerten Sedimente zu.
- Eine Untersuchung der Magnetisierung der Meeresbodenbasalte ergab parallel zum Mittelozeanischen Rücken ein symmetrisches Streifenmuster aus normaler Magnetisierung nach Norden und umgekehrter nach Süden. Dieses Streifenmuster kommt dadurch zustande, dass bei der Basaltförderung die jeweils herrschende Magnetfeldausrichtung bei der Abkühlung in dem sich verfestigenden Gestein gespeichert wird.

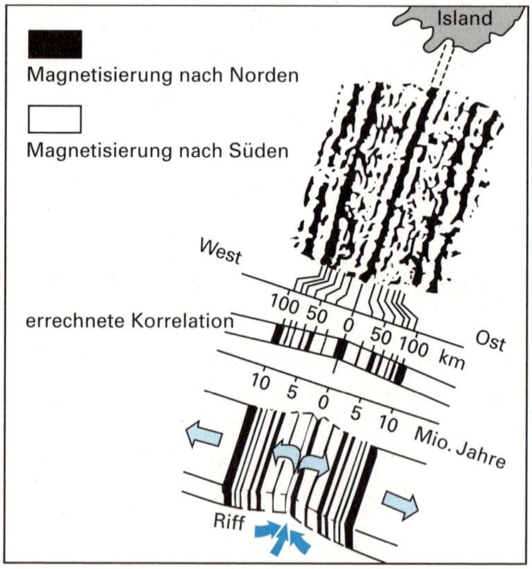

Magnetprofil des Mittelatlantischen Rückens
Hans-Ulrich Bender u. a.: TERRA Erdkunde 11, Gymnasium Baden-Württemberg. Stuttgart 1995, S. 13

Hypothese des Seafloor Spreading

Die Ergebnisse dieser Untersuchungen fasst man im Rahmen der Plattentektonik in der Hypothese des Seafloor Spreading zusammen. Damit beschreibt man das Auseinanderweichen des Ozeanbodens durch die Bildung von neuer Lithosphäre entlang der Mittelozeanischen Rücken.

Im Zeitalter der Raumfahrt können Wissenschaftler die Bewegung der Kontinente mit der Satellitengeodäsie zentimetergenau verfolgen.

1.5 Die Auswirkungen der Plattentektonik

Die Plattentektonik bewirkt neben den bereits genannten Veränderungen direkt an den Plattengrenzen (Rift-Valley, Tiefseegraben, Faltengebirge) eine ganze Reihe von weiteren morphologischen Oberflächenformen.

Dazu gehören Verformungen durch Krustenbewegungen, Vulkanismus und Erdbeben.

Krustenbewegungen

Die Verformungen der Erdkruste lassen sich nach ihrer räumlichen Erstreckung und der Reaktion der Erdkruste entsprechend ihrer Verformbarkeit charakterisieren.

- Im ersten Fall unterscheidet man
  - Epirogenese, der kontinentweiten Verbiegung der Erdkruste, die zu Antiklinalen und Synklinalen führt und
  - Tektogenese, der räumlich eng begrenzten Veränderung;
- im zweiten Fall
  - Bruchtektonik: hier bricht die bereits erstarrte Erdkruste und Horste, Gräben und Staffelbrüche entstehen und
  - Faltungstektonik: dabei wird die Erdkruste aufgrund ihrer Plastizität gefaltet, es entsteht ein Faltengebirge. Kippen diese Falten durch sehr starken seitlichen Druck, wird daraus ein Deckengebirge wie die Alpen.

Epirogenese: langsame, lang anhaltende Senkung oder Hebung großer Teile der Erdkruste ohne Veränderung der Lage der Gesteine

Antiklinale: großräumige Aufwölbung

Synklinale: großräumige Mulde

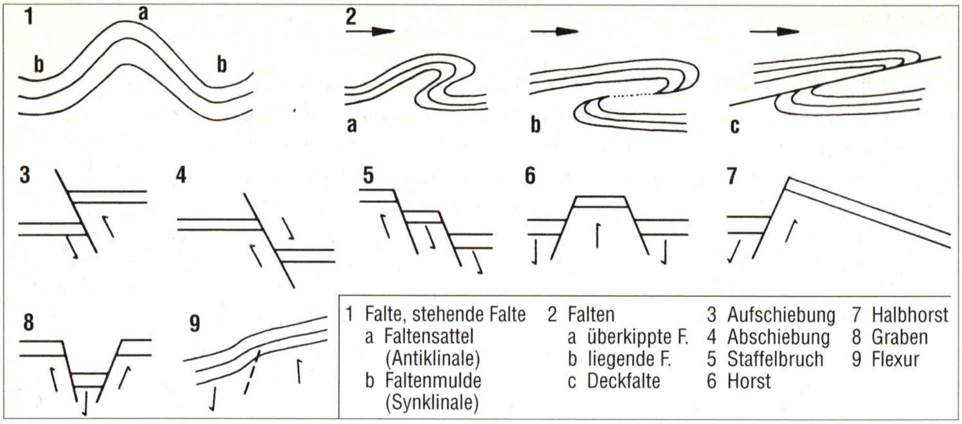

Tektonische Strukturen
nach Dietrich Schulz: Formung und Formen der Erdoberfläche. Stuttgart 1997, S. 41

Alpenbildung

Orogenese: Entstehung eines Gebirges

Die Alpenbildung ist ein Beispiel für eine Orogenese. Bei der Bildung der Alpen sind mächtige Gesteinspakete übereinander geschoben worden. Seit 90 Millionen Jahren nähern sich die europäische und afrikanische Platte. Zuerst wird die ozeanische Kruste tief unter die afrikanische Platte gedrückt. Es entsteht eine Subduktionszone. Beim anschließenden Zusammenprall der beiden kontinentalen Krusten bilden sich im Kollionsbereich Falten, die später kippen und damit zu Decken werden. Durch anhaltenden Druck wird dieser Bereich über den Meeresspiegel gehoben.

①

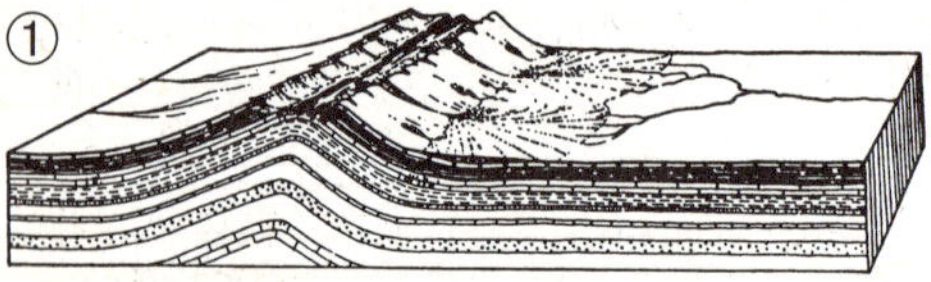

Faltenbildung und Beginn der Zerstörung des Sattels, Schwemmkegelbildung im Vorland

②

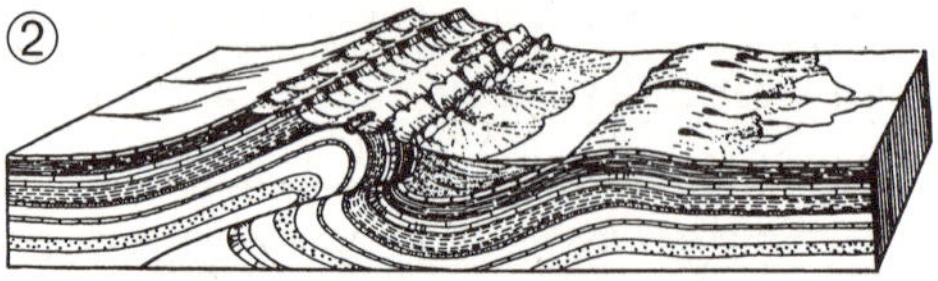

Beginn der Überschiebung, Einmuldung im Vorland und Verfüllung mit dem Schutt der Falte

③

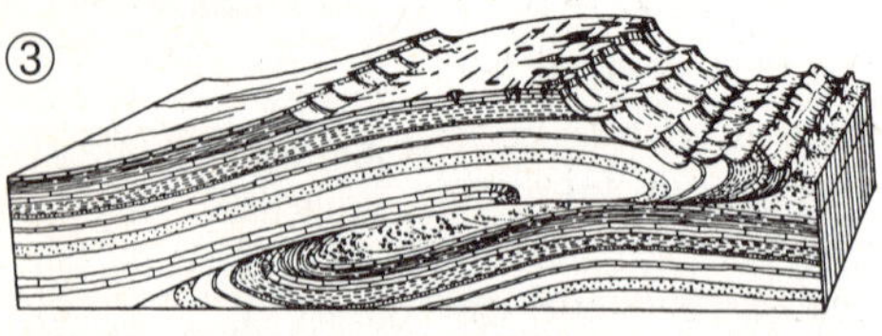

Deckenüberschiebung unter Einbeziehung des aufgefüllten Vorlandes, starke Abtragung mit Ausbildung einer Stufenlandschaft bei unterschiedlich widerstandsfähigem Gestein

④

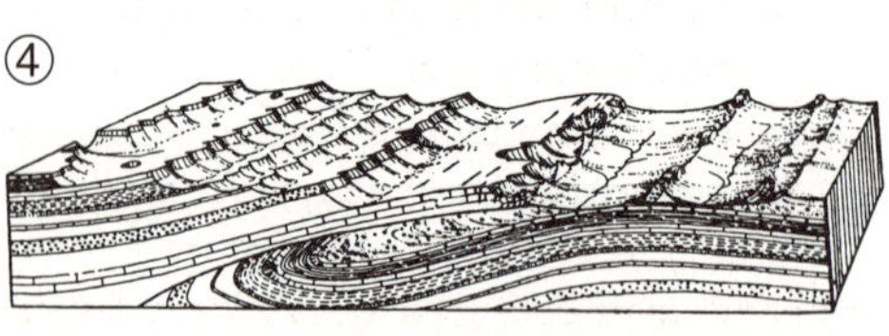

Nach starker Abtragung der Decke zeugen noch einige inselartige „Klippen“ im Vorland der geschlossenen Decke von ihrer einstigen Schubweite.

Blockbild der Deckenüberschiebung
Wagner, G.: Einführung in die Erd- und Landschaftsgeschichte. 3. Aufl., 694 S., (Rau) Öhringen 1960.

Vulkanismus

Eine direkte Erscheinung der Plattentektonik sind die Vulkane. Die meisten Vulkane liegen an den Plattengrenzen: hier kann aufgrund von Schwächezonen Magma aus dem Erdinnern an die Erdoberfläche dringen: es heißt dann Lava. Die Vielzahl der Förderprodukte der Vulkane (z.B. Tuffe, Bomben, Aschen und andere) fasst man unter dem Namen Pyroklastika zusammen. Fließt Lava aus einem Schlot, dann spricht man von effusiver Förderung, wird Asche oder anderes in die Luft gesprengt, von explosiver Förderung.

Tuff: Sedimentgestein, das aus verfestigter Vulkanasche und Gesteinsbrocken besteht

Die Vulkanformen lassen sich nach ihrer Gesteinszusammensetzung und Entstehung gliedern.

Auf dem Weg durch die Lithosphäre wird das Magma durch Veränderungen des Drucks und der Temperatur und durch Kontakt mit anderen Gesteinen und Wasser verändert.

Es entstehen unterschiedliche magmatische Gesteinsschmelzen:

- So hat basisches Magma (Hauptmineral Olivin) eine geringe Viskosität, ist gasarm und bildet vulkanische Gesteine wie Gabbro und Basalt,
- während saures Magma (Hauptmineral Quarz) eine hohe Viskosität hat. Es ist gasreich und bildet als Gesteine Granit und Rhyolith.

Viskosität: Zähflüssigkeit: je geringer die Viskosität, desto dünnflüssiger ist das Material

Basalt: vulkanisches Gestein, das an der Erdoberfläche erstarrt und schnell abgekühlt ist; es sind darin mikroskopisch kleine Kristalle ausgebildet

Granit: vulkanisches Gestein, das in der Erdkruste entstanden und deshalb langsam abgekühlt ist; es sind darin gut sichtbare Kristalle ausgebildet

Die Vulkanformen erklären sich aus der Beschaffenheit des Magmas und der Art seiner Förderung:

- Sehr heiße (> 1000 °C) und dünnflüssige Lava lässt einen sehr flachen Schildvulkan entstehen: typische Vertreter sind die Vulkane Islands und Hawaiis.
- Hat die austretende Gesteinsschmelze geringere Temperatur und ist ihr Gehalt an Kieselsäure höher, dann entstehen Schichtvulkane wie der Vesuv oder Mt. St. Helen. Die Schichtung resultiert daraus, dass abwechselnd Asche bzw. Tuffe und Lava abgelagert werden. Ursache dafür ist der Umstand, dass das Magma bereits im Vulkanschlot erstarrt. Durch steigenden Druck wird es als Pyroklastika herausgesprengt und als Aschen- oder Tuffschicht abgelagert. Jetzt ist der Weg frei für die Lavaförderung, so dass sich nun eine Lavaschicht über die Aschenschicht legt.
- Bei hochviskoser und saurer Lava entstehen die steilen Kegel der Aschenvulkane (Fudschijama).

- Eine Caldera, eine große kegelförmige Hohlform, entsteht dann, wenn ein ehemaliger Vulkan weggesprengt wird oder das Dach einer entleerten Magmakammer einstürzt. In einer Caldera kann sich ein neuer Vulkan bilden (z. B. Vesuv).
- Treten vulkanische Gase explosionsartig an die Erdoberfläche, entstehen trichterförmige Eintiefungen an der Erdoberfläche, die ringförmig mit einem Wall aus mitgerissenen Gesteinen und Tuffen umgeben sind: die Maare. Sie sind oftmals mit Seen erfüllt, wie die bekannten Maare in der Eifel.
- Vulkanschlote sind oftmals mit erstarrten vulkanischen Gesteinen, zum Beispiel Basalten ausgefüllt. Unterliegt nun das sie umgebende Gestein der Abtragung, bleibt der Schlot aus dem härteren vulkanischen Gestein stehen und bildet einen Härtling (z. B. Hohentwiel im Hegau).

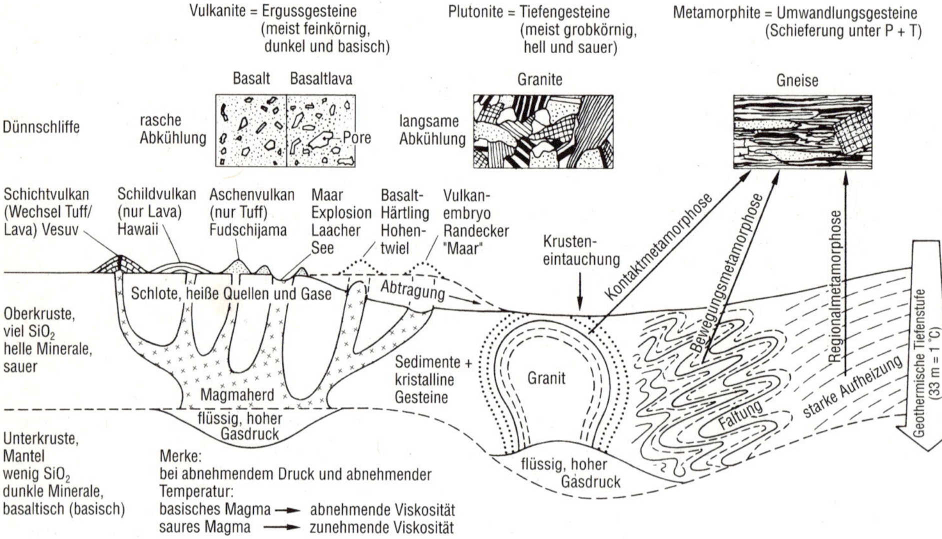

Vulkanismus
Olbert, G.: Geologie. Die Wissenschaft von der Erdgeschichte. Stuttgart 1980, S. 61

Vulkane können auch räumlich den plattentektonischen Erscheinungen zugeordnet werden. Man unterscheidet dabei:

- Vulkane der Mittelozeanrücken (z. B. die Vulkane Islands): hier dringt vorwiegend gut fließfähiges basisches Magma an die Erdoberfläche: flache Schildvulkane entstehen.
- Vulkane der Subduktionszonen (z. B. die Vulkane der südamerikanischen Kordilleren): das aufsteigende Magma vermischt sich mit granitischem Gestein: Schichtvulkane sind die Folge.

- Intraplattenvulkane: hier liegen die Vulkane nicht an den Grenzen der Lithosphären-Platten, sondern innerhalb der Platten. Ursache für den auftretenden Vulkanismus sind Schwächezonen in den Platten. Das hier empordringende Magma ist durch aufgeschmolzenes granitisches Gestein sauer und relativ zähflüssig. In der Folge erkaltet es rasch und erstarrt, so dass es hier häufig zu explosionsartigen Vulkanausbrüchen kommt.
- Hot-Spot-Vulkane: Diese Vulkane sind lagekonstant, d.h. sie verändern ihre Lage nicht mit den driftenden Lithosphären-Platten. Das wird dadurch erklärt, dass diese Vulkane punktförmig ihre Wärme aus dem unteren Mantel beziehen. Wie eine Art „Schweißbrenner“ durchlöchern sie die über sie hinwegdriftenden Lithosphären-Platten und hinterlassen auf diesen regelrechte Vulkanreihen (z.B. Hawaii-Inseln). Aus diesen Vulkanreihen lässt sich die Driftrichtung und -geschwindigkeit einer Platte bestimmen.

Erdbeben

Bewegungen der Lithosphäre verlaufen nicht reibungslos. Verkeilen sich beispielsweise die Platten bei ihrer gegenläufigen Bewegung, entstehen Spannungen, die sich bei steigendem Druck ruckartig lösen können: Erdbebenstöße breiten sich als seismische Wellen aus. Sehr häufig sind Erdbeben an konvergierenden und konservierenden Plattengrenzen, wie zum Beispiel an der San-Andreas-Verwerfung in Kalifornien.

Je nach Lage des Hypozentrums spricht man von Flachbeben (das Hypozentrum liegt bis zu 70 km unter dem an der Erdoberfläche liegenden Epizentrum) und Tiefbeben mit einer Herdtiefe bis zu 700 km. In einer Subduktionszone liegen Flachbeben und Tiefbeben hintereinander und geben so die Richtung der Subduktion an. Die Flachbeben entstehen am Beginn der Subduktion, die Tiefbeben dann, wenn die ozeanische Kruste schon sehr weit eingedrungen ist. Sie geben an, bis in welche Tiefe hinab die ozeanische Kruste so fest bleibt, dass sie Erdbeben auslösen kann. Idealtypisch sind diese Vorgänge an der Westküste des südamerikanischen Kontinents nachzuvollziehen.

Epizentrum: Punkt an der Erdoberfläche, der genau über dem Hypozentrum liegt

2 Die Gestaltung der Reliefsphäre durch äußere Kräfte: Exogene Dynamik

Während sich die endogene Umgestaltung der Erdoberfläche für einen menschlichen Betrachter überwiegend nicht wahrnehmbar vollzieht, sind die Folgen der exogen wirkenden Vorgänge wesentlich kurzfristiger zu beobachten. Die exogenen Faktoren, im Wesentlichen Wasser, Temperatur und Luft (als Transportmittel und chemisch wirkendes Gasgemisch), wirken in unterschiedlichster Weise auf die endogen bereitgestellten Strukturen ein. Die jeweilige Form der Erdoberfläche ist also das Ergebnis eines komplexen Wirkungsgefüges aus den genannten endogenen und exogenen Faktoren.

2.1 Verwitterung

Der geologische Kreislauf

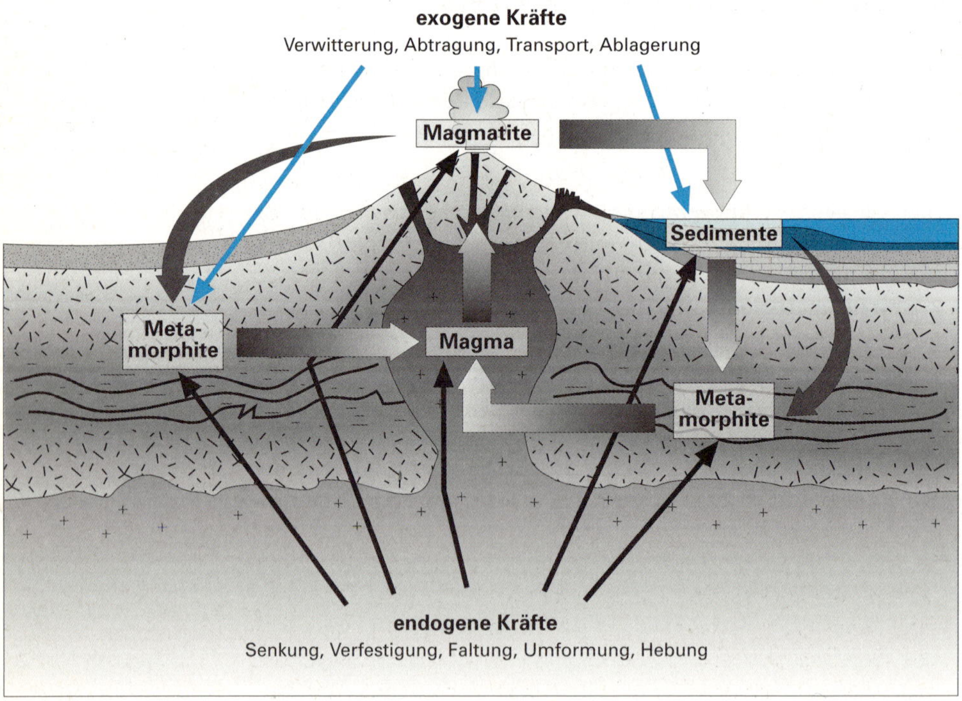

Geologischer Kreislauf
nach Hans-Ulrich Bender u. a.: TERRA Erdkunde 11, Gymnasium Baden-Württemberg. Stuttgart 1995, S. 7

Die Gesteine lassen sich grob in Sedimentite, Metamorphite und Magmatite, und diese in Plutonite und Vulkanite einteilen. Durch verschiedene endogene und exogene Prozesse können diese Gesteinsarten ineinander überführt werden. Dabei entstehen neue Gesteine: aus Granit (Plutonit) wird durch Metamorphose Gneis, aus dem Sedimentit Kalkgestein beispielsweise Marmor. Die Verwitterung verhindert, dass Gesteine an der Erdoberfläche stabil bleiben.

Sedimentite: Ablagerungsgesteine

Metamorphite: Umwandlungsgesteine

Magmatite: Erstarrungsgesteine

Plutonite: Magmatite, die im Erdinnern erstarrt sind

Vulkanite: Magmatite, die an der Erdoberfläche fest wurden

Als Verwitterung wird die Gesteinszersetzung an der Erdoberfläche durch Druck, Temperaturveränderungen, Wasser, Chemikalien aber auch durch biologische Einwirkungen bezeichnet.

Endogene Vorgänge (z.B. Erdbeben oder tektonische Bewegungen) beschleunigen die Aufbereitung des Gesteins durch Riss- und Kluftbildung. Die Oberfläche, an der die exogenen Kräfte angreifen können, wird dadurch vergrößert.

Nach ihrer Wirkungsweise lassen sich zwei Gruppen von Verwitterungsprozessen unterscheiden:

Physikalische (oder mechanische) Verwitterung

Damit wird die Lockerung eines Gesteins und seine Zerkleinerung zu den verschiedensten Korngrößen von Blöcken (über 60 mm Korndurchmesser) bis zu Ton (unter 0,002 mm) bezeichnet.

Korngröße: gibt den Durchmesser eines Gesteinbruchstückes an

- Die Temperaturverwitterung wirkt durch Temperaturschwankungen: starker Temperaturwechsel führt dabei zu einer unterschiedlichen Ausdehnung der einzelnen Kristalle eines Gesteins und Lockerung des Kristallgefüges. Diese Verwitterung ist besonders wirksam in Regionen mit hohen täglichen Temperaturschwankungen (z.B. in Trockengebieten mit starker Erwärmung der Gesteinsoberflächen am Tag und starker nächtlicher Ausstrahlung und damit verbundener Abkühlung). In Verbindung mit einem kalten Regen kann es in Gebieten mit sehr starker Erwärmung zu einer Desquamation kommen. Die äußere heiße Gesteinsschicht wird durch Regen schnell abgekühlt und verringert ihr Volumen. So löst sich der Mineralienverbund.
- Die Frostverwitterung wird durch die Ausdehnung gefrierenden Wassers in Gesteinsspalten und -poren hervorgerufen. Wasser erfährt beim Gefrieren eine Volumenvergrößerung von etwa 9 %. Die dabei entstehenden Kräfte lockern das Gesteinsgefüge und können sogar zum Absprengen von Gesteinsbruchstücken führen. Besonders wirksam ist diese Verwitterung, wenn der Wechsel zwischen dem Gefrieren und Auftauen des Wassers häufig ist.

Desquamation: Abschuppung von Gesteinsteilen

Von untergeordneter Bedeutung ist die Sprengwirkung von Pflanzenwurzeln.

Chemische Verwitterung

Die chemische Verwitterung erfordert die Anwesenheit von Wasser. Ihre Wirksamkeit wird durch steigende Temperaturen erhöht.

- Bei der Lösungsverwitterung werden Salze (z.B. Steinsalz NaCl) oder Gips ($CaSO_4 \cdot 2H_2O$) in Anionen und Kationen dissoziiert und durch das Wasser abgeführt. Eine Sonderform ist die Kohlensäureverwitterung in Kalkgebieten: Kalk ($CaCO_3$) wird gelöst und eine Landschaft mit Lösungsformen, der Karst entsteht.
- Lagern sich Wassermoleküle aufgrund ihres Dipolcharakters an Kristallgittern an, kann das Kristallgitter aufgerissen werden. Dieser Vorgang wird als Hydratationsverwitterung bezeichnet und ist insbesondere bei silikatischen Gesteinen wie dem Granit häufig. Bei Sulfaten beispielsweise ist die Hydratation mit Quellung verbunden: wird Anhydrit zu Gips umgewandelt, ist damit eine Volumenzunahme von 60 % verbunden.
- Durch den Druck auskristallisierender Salzlösungen in Gesteinsporen und -spalten kann es zur Salzverwitterung kommen.
- Verdrängen H-Ionen des Wassers basische Kationen der Silikatminerale, so gehen diese in Lösung und werden zum Beispiel im Grundwasser fortgeführt. Verbleibendes Silizium und Aluminium geht neue unlösliche Verbindungen ein und bildet zusammen mit H-Ionen Tonmineralien. Diese Form der chemischen Verwitterung wird als Hydrolyse bezeichnet.

Dipol: Wassermoleküle haben sowohl einen schwach positiven wie negativen Pol

Silikatisch: enthält größere Mengen an Silizium

Anhydrit: wasserfreier Gips

Tonmineralien: durch Verwitterung entstandene kleinste Bodenteilchen aus anorganischem Material, meist in dünnen Schichten übereinander

Aufgrund von Temperaturunterschieden und unterschiedlicher Verfügbarkeit von Wasser können verschiedene Zonen der Verwitterung unterschieden werden. Vorherrschend ist die physikalische Verwitterung in den Polar- und in den Trockengebieten sowie in den Höhenregionen, während in den feuchten Tropen chemische Verwitterung dominiert.

2.2 Die Oberflächenformen Mitteleuropas

Mitteleuropa ist geprägt vom engen Nebeneinander glazialer und fluvialer Oberflächenformen, den unterschiedlichsten Küstenformen und in den Gebirgen vom Formenschatz des Karstes und der Schichtstufenlandschaft. Hier wirken sowohl physikalische wie auch chemische Verwitterung.

glazial: durch Gletscher hervorgerufen

fluvial (auch fluviatil): durch fließendes Gewässer geformt

Generell lässt sich die Abtragung verschiedenen Prozessen zuordnen: Die linienhafte Abtragung der Verwitterungsprodukte durch das fließende Wasser bezeichnet man als Erosion, die flächenhafte als Denudation und die Abtragung durch das Meer als Abrasion. Die Abtragung durch den Wind wird Deflation genannt und die abtragende Wirkung von Eis Glazialerosion.

Glazialer Formenschatz

Gletscher sind große Eismassen, die sich auf der Landoberfläche bilden und sich durch Zunahme ihres Gewichtes bewegen. Die Talgletscher in den Alpen werden von der Inlandsvereisung Grönlands und der Antarktis unterschieden. Gletscher bilden sich aus Firn, der in Mulden auch im Sommer liegen bleibt und durch neue aufgelagerte Schichten zu Eis gepresst wird.

Firn: durch häufiges Tauen und Gefrieren verdichteter körniger Schnee

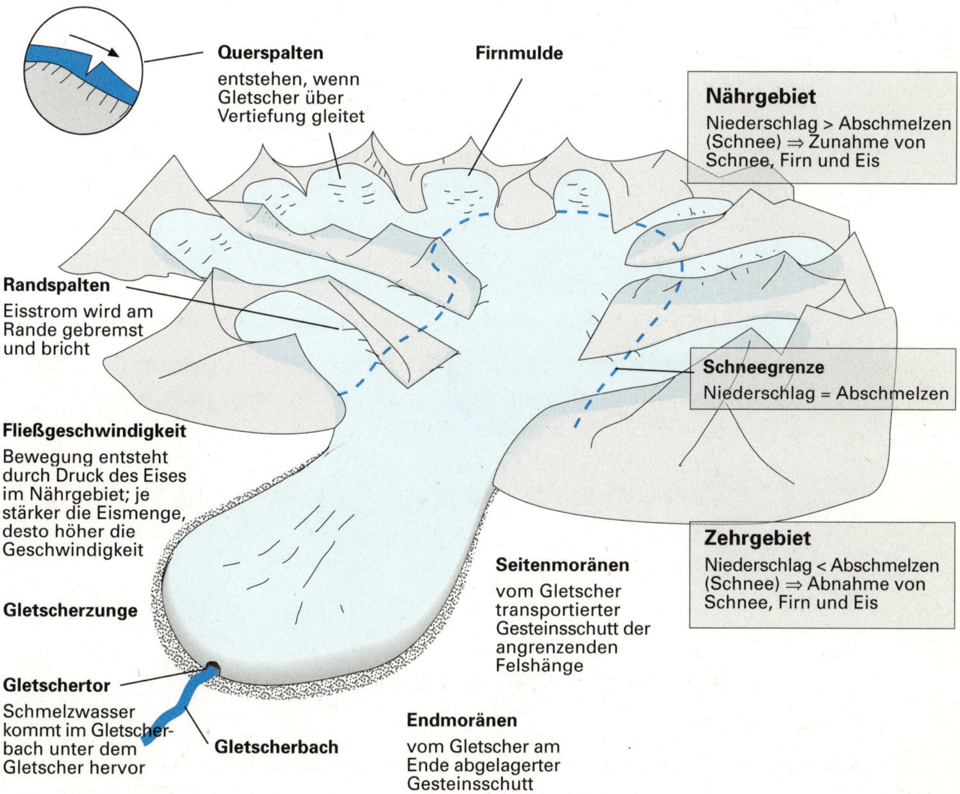

Aufbau eines Gletschers

Ablation: *Abschmelzen*

Die Firnlinie (entspricht in etwa der klimatischen Schneegrenze) trennt das Nährgebiet – hier ist der Schneefall größer als die Ablation – von dem tiefer gelegenen Zehrgebiet, in dem die Ablation überwiegt. Als Moräne wird der vom Gletscher mitgeführte und abgelagerte Gesteinsschutt bezeichnet.

postglazial: *nacheiszeitlich*

Ein Gletscher hinterlässt sowohl Abtragungsformen wie Trogtal, Rundhöcker oder Zungenbeckensee als auch Ablagerungsformen wie Moränen, fluvioglaziale Formen wie Schotterflächen oder Sander, die durch Schmelzwasser gebildet werden. Das sich bewegende Eis überformt durch seinen Druck, aber auch durch das mitgeführte Material die Landoberfläche. So erhielten Alpentäler durch die erodierenden Gletscher einen U-förmigen Querschnitt und werden als Trogtäler bezeichnet. Gletscherzungen können im weicheren Untergrund große, flache Hohlformen schaffen, die Zungenbecken, die postglazial mit Wasser gefüllt zum Zungenbeckensee werden. Besonders deutlich wird die abtragende Wirkung des Eises an den Rundhöckern.

Rundhöcker
Olbert, G.: Oberflächenformen der Erde. Stuttgart 1984, S. 24

Diese Felshügel zeigen mit ihrer sanft ansteigenden und abgeschliffenen Seite in Richtung des Gletschers. Die abgewandte Seite ist steiler, da hier unter dem nachlassenden Druck des Gletschers das Wasser zwischen Eis und Untergrund gefrieren kann und beim Vorrücken des Gletschers Gesteinsstücke mit herausgerissen werden.

Eiszeiten

Große Teile Mitteleuropas wurden durch die vier Eiszeiten des Pleistozäns geprägt. Sie werden in Süd- und Norddeutschland jeweils mit unterschiedlichen Flussnamen bezeichnet, die ihr Vordringen markieren.

Zeitraum (ca.)	Süddeutschland	Norddeutschland
600 000 – 530 000 v. Chr.	Günz	Elbe
490 000 – 435 000 v. Chr.	Mindel	Elster
230 000 – 180 000 v. Chr.	Riß	Saale
70 000 – 10 000 v. Chr.	Würm	Weichsel

Eiszeit: Zeitraum, in welchem wegen niedrigerer Temperaturen eine wesentlich größere Eismasse die Erde bedeckte als heute

Pleistozän: Teil des als Känozoikum (auch Neozoikum) bezeichneten Erdzeitalters von 1 Million bis 10 000 Jahre v. Chr.

Während einer Vereisungsperiode (auch Eis- oder Kaltzeit genannt) bedeckten bei abgesenkten Temperaturen die Gletscher über einen längeren Zeitraum größere Landmassen. Warmzeiten oder Interglaziale unterbrachen die Eiszeiten: die Temperaturen waren wesentlich höher und die Eismassen schmolzen soweit ab, dass sich eine, wenn auch spärliche, Flora ausbilden konnte. In Süd- und Norddeutschland zählt man im Pleistozän vier Vereisungen. Am weitesten von Norden bzw. Süden drangen die Gletscher der Saale- bzw. Rißeiszeit vor. Endmoränenwälle markieren den jeweiligen Stand des Gletschervorstoßes. Die von den Eismassen der letzten Vereisung überformten großen Teile Süd- und Norddeutschlands werden als Grundmoränenlandschaft, die der vorletzten Eiszeit (Saale- bzw. Rißvereisung) als Altmoränenlandschaft (in Norddeutschland Geest genannt) bezeichnet. Die hohe Geest ist die eingeebnete Grundmoränenlandschaft der Saalevereisung. Die zwischen ihr und der Jungmoränenlandschaft liegende niedere Geest wird durch die Sanderflächen der Weichseleiszeit gebildet.Typische Kennzeichen einer Grundmoränenlandschaft sind „junge“, d. h. nicht oder nur wenig veränderte glaziale Formen, während in der Altmoränenlandschaft aufgrund der Verwitterung und Abtragung das Relief bereits ausgeglichen wurde.

Interglazial: Zwischeneiszeit

Endmoräne: vor der Gletscherstirn abgelagertes Moränenmaterial

Grundmoräne: Schuttmaterial, das der Gletscher unter sich abgelagert hat

Altmoränenlandschaft: Landschaft mit Formen früherer Eiszeiten

Geest: norddeutscher Name für die von Sandern, Grund- und Endmoränen geprägte Altmoränenlandschaft

Sander: überwiegend aus Sand bestehende fluvioglaziale (von glazialen Schmelzwässern geprägte) Ablagerungen

Glaziale Serie

In den glazial geprägten Landschaften finden sich vielfach als „glaziale Serie“ nacheinander Grundmoränenlandschaft, Endmoräne sowie Sander und Urstromtal in Norddeutschland beziehungsweise Schotterflächen in Süddeutschland. Aufgrund der kurzen Transportwege aus den Alpen konnten die mitgeführten Geschiebe durch die

Glaziale Serie: regelhaft geprägte Abfolge von glazial geformten Landschaften

Urstromtal: breites Tal im nördlichen Mitteleuropa, durch das die Schmelzwässer der Gletscher in Ost-West-Richtung abflossen

Geschiebe: von einem Gletscher transportiertes Gesteinsmaterial, das nicht so stark gerundet ist wie das Geröll eines Flusses

Schmelzwässer im Süden nur zu Schottern, in Norddeutschland wegen der größeren Distanzen zu kleineren Korngrößen aufbereitet werden.

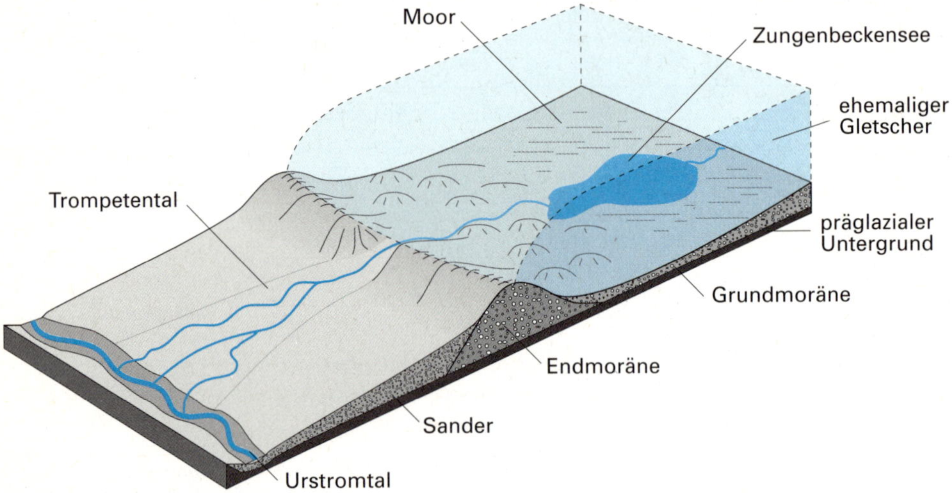

Glaziale Serie Nord/Süd

Flussterrassen: Verebnungen entlang eines Flusses

In den Schotterflächen Süddeutschlands sind entsprechend den vier Vereisungen vier fluvioglaziale Flussterrassen zu beobachten. Während der Eiszeit lagerten die Schmelzwasserflüsse ihre Schotter flächig ab, um sich in der darauf folgenden Warmzeit bei stärkerer Wasserführung in diese Fläche einzuschneiden.

Quartäre Talentwicklung (Schmelzwassertal)

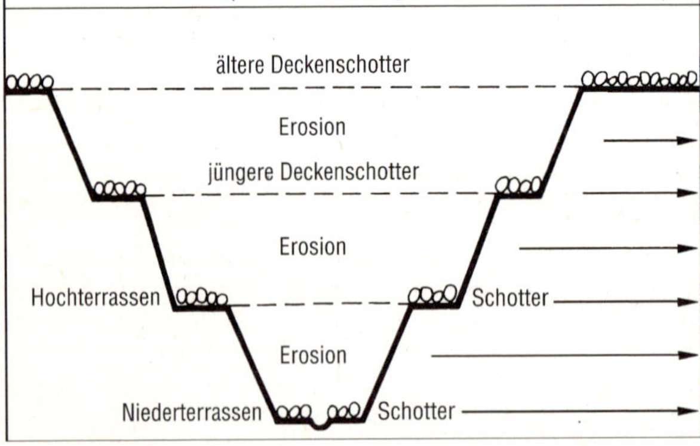

Süddeutschland	Norddeutschland	Alter Jahre
Präglazial, erste Eisvorstöße (Donau-Eiszeit)		1 Mio. -600 000
Günz-Glazial	(Elbe-Glazial?)	-530 000
Günz-Mindel-Interglazial	Cromer-Interglazial	-490 000
Mindel-Glazial	Cromer-Interglazial	-435 000
Mindel-Riß-Interglazial	Holstein-Interglazial	-230 000
Riß-Glazial	Saale-Glazial	-180 000
Riß-Würm-Interglazial	Eem-Interglazial	-70 000
Würm-Glazial	Weichsel-Glazial	-10 000

Entwicklung eines Schmelzwassertales im Verlaufe der Eiszeiten
Olbert, G.: Geologie. Stuttgart 1980, S. 20

In den Urstromtälern sammelte sich schon während der Vereisung das Schmelzwasser. Entsprechend der Lage des Eisrandes in Norddeutschland verlaufen hier die Urstromtäler in Ost-West-Richtung.

In der oftmals hügeligen, von vielen kleineren Seen durchsetzten Grundmoränenlandschaft finden sich oftmals ganze Schwärme von stromlinienförmigen, langgestreckten Drumlins. Dies sind niedrige Hügel, deren steilere Seite gegen das Eis gerichtet ist. Aller Wahrscheinlichkeit nach handelt es sich dabei um eine überformte frühere Moränenlandschaft.

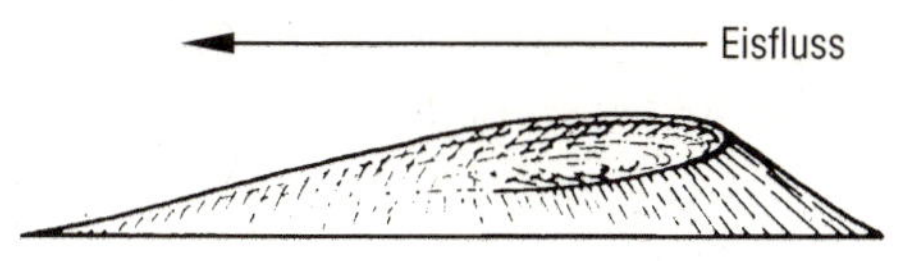

Drumlin
Olbert, G.: Oberflächenformen der Erde. Stuttgart 1984, S. 24

Fluvialer Formenschatz

Untersucht man die Formenbildung im Bereich eines Flusses, lassen sich eine Vielzahl unterschiedlicher Oberflächenformen erkennen. Diese Formen sind abhängig von den Wassermengen des fließenden Gewässers, seiner Transportbelastung, der Erosionsbasis und dem Untergrund. Die grundlegenden Prozesse sind dabei Erosion, Transport und Akkumulation. Die Erosionsleistung eines Flusses ist abhängig vom Untergrund und von der Schleppkraft, dem Produkt aus der Wassermenge und der Fließgeschwindigkeit. Ob sich ein Fluss einschneidet oder ob er akkumuliert, ergibt sich aus seinem Belastungsverhältnis. Dies ist der Quotient aus der mitgeführten Last und der Schleppkraft. Ist dieses Verhältnis größer 1 (Last ist größer als die Schleppkraft), findet Akkumulation statt. Sinkt dieser Wert unter 1, kann der Fluss erodieren. Gleichzeitig werden die im Fluss transportierten Gesteine durch den Transport bearbeitet. So ist die Zurundung von Gesteinen bei Sandstein bzw. Kalken nach 1–5 km Weg, bei Quarzen und Graniten nach 10–20 km so gut wie vollendet. Kleinere Teilchen werden noch bei geringer Fließgeschwindigkeit transportiert.

Erosionsbasis: tiefster Punkt, bis zum dem die Tiefenerosion wirken kann

Erosion: linienhafte Abtragung durch das Wasser, oftmals auch gleichbedeutend mit Abtragung

Akkumulation: Ablagerung

Die Erosion erfolgt durch die reibenden, schleifenden und mitunter auch brechenden Gerölle in die Tiefe, seitwärts und rückschreitend. Der Fluss verlagert so seine flacheren Strecken immer weiter zur Quelle hin. Mit dem Erreichen des Meeres findet keine Erosion mehr statt: die absolute Erosionsbasis ist erreicht. Hier ist keine Tiefenerosion mehr möglich. In einen Flusslauf sind oftmals lokale Erosionsbasen eingefügt: dies kann zum Beispiel ein See oder eine Flussmündung sein. Dort wird die Fließgeschwindigkeit verlangsamt und der größte Teil der Schwebfracht setzt sich ab. Unterhalb dieser Basis ist dann aufgrund der fehlenden Schwebfracht die Erosionsleistung groß.

Schwebfracht: das vom Fluss mitgeführte Material

Rückschreitende Erosion vergrößert das Einzugsgebiet eines Flusses. Damit wird auch die Wasserscheide, die Grenze zwischen den Einzugsgebieten von zwei Flusssystemen, verlegt. Wird in diesem Zusammenhang ein Gewässer eines anderen Flusssystems angezapft und in das eigene Flusssystem gelenkt, liegt eine Flussanzapfung vor. Beispielhaft ist dies am Hochrhein zu verfolgen, wo der Rheinzufluss Wutach die Donau in ihrem Oberlauf geköpft und zum Rhein umgelenkt hat.

Vielerorts begleiten Flussterrassen den Flusslauf. Diese Terrassen sind auf den Wechsel von Seitenerosion und Tiefenerosion zurückzuführen. Dieser Wechsel ist einerseits durch klimatisch verursachte unterschiedliche Wasserführung des Flusses bedingt und andererseits dadurch verursacht, dass sich Hebungs- und Einschneidungsvorgänge oftmals nicht gleichzeitig abspielten.

Besonders ausgeprägt sind diese Terrassen in einem antezendenten Durchbruchstal. Die steilen Hänge dieses Tales sind durch das Zusammenspiel von tektonischer Hebung und gleichzeitig verstärkter Tiefenerosion zu erklären. Der sich einschneidende Fluss konnte mit der Hebung Schritt halten.

tektonisch: durch Kräfte aus dem Erdinnern bedingt

Epigenetische Täler entstehen, wenn sich ein Fluss in eine Oberfläche einschneidet, unter der ein härterer Gesteinsrücken liegt und dieser zerschnitten wird.

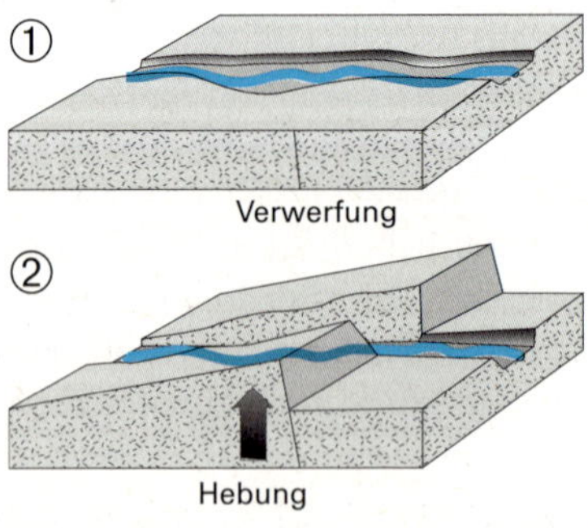

Antezedentes Durchbruchstal

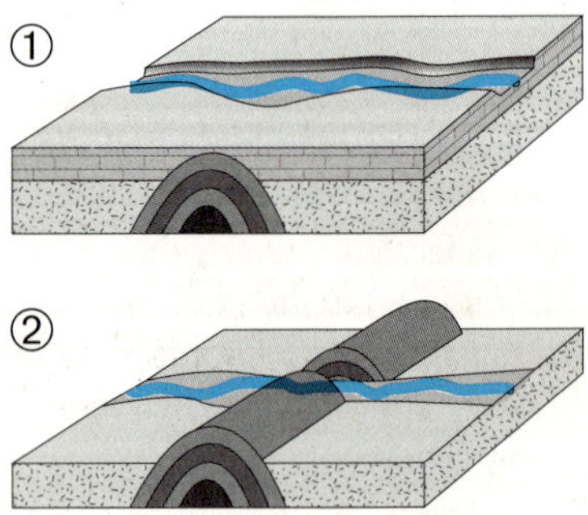

Epigenetisches Durchbruchstal

In einer geraden Flussstrecke bewegen sich die Wasserteilchen in zwei Längswalzen spiralförmig flussabwärts. Im gekrümmten Flussverlauf kommt es zu den Ufern hin zu einer Verschiebung dieser Längswalzen und zur Ausbildung von Prall- und Gleithang. Ursache für die Krümmung eines Flusses kann die Mündung eines Nebenflusses mit einem Schwemmkegel, der den Hauptfluss auf die gegenüberliegende Flussseite drückt oder der Wechsel zwischen verschiedenen Gesteinen im Untergrund sein. Der Prallhang wird dauernd unterspült und erodiert, während am Gleithang Sedimentation einsetzt. Verstärkt sich dieser Vorgang, kann er zur Bildung von Mäandern führen. Diese Mäander können sich weiter zum Umlaufberg entwickeln, wie folgende Abbildung zeigt:

Mäander: Windungen eines Flusses

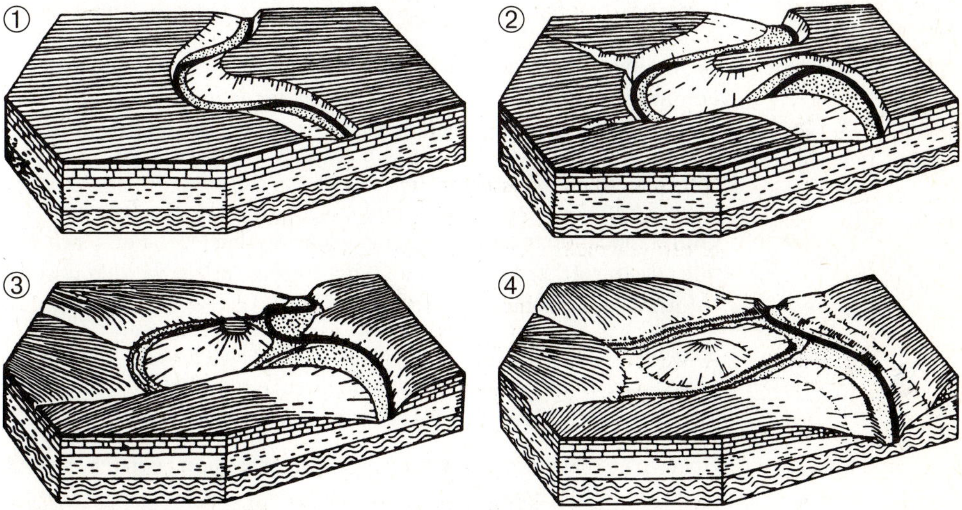

Ausbildung eines Umlaufberges
Wagner, G.: Einführung in die Erd- und Landschaftsgeschichte. Öhringen 1960, S. 89

Durch diesen Prozess ist der Flusslauf kürzer geworden und damit hat sich das Gefälle verstärkt, was wiederum zu einer vertieften Erosion führt.

Im Unterlauf des Flusses lässt die Transportkraft des Flusses nach, es kommt zur Sedimentation. Wird sehr stark sedimentiert, wird das Flussbett über das umgebende Land gehoben und von natürlichen Dämmen begrenzt. Ein Dammuferfluss entsteht. Ein Mündungsdelta ist die Folge einer verstärkten Sedimentation an der Mündung. An Küsten mit starkem Tidenhub entstehen Trichtermündungen.

Tidenhub: Höhenunterschied zwischen Hochwasser und Niedrigwasser im Meer

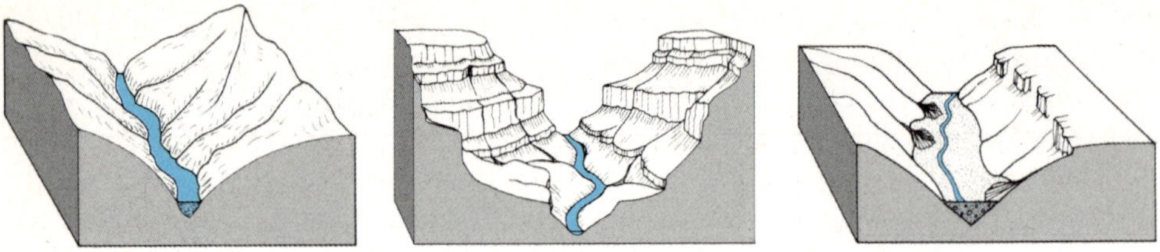

Kerbtal Cañon Sohlental

Olbert, G.: Oberflächenformen der Erde. Stuttgart 1984, Begleitheft S. 1

Talformen

An der Talbildung wirken die fluvialen Prozesse in Abhängigkeit vom Untergrund und schaffen unterschiedliche Talquerschnitte:

Reliefenergie: *Höhenunterschiede*

Ist in jungen Gebirgen mit festem Gestein die Reliefenergie groß, so dominiert die Tiefenerosion gegenüber der Hangabspülung und es entstehen eine Klamm oder tiefe Schlucht mit fast senkrechten Talhängen.

Beim Kerbtal (V-Tal) im Oberlauf eines Flusses stehen Tiefenerosion und Hangdenudation im Gleichgewicht: je tiefer der Fluss sich eintieft, desto stärker können die Hänge zurückverlegt werden und der V-förmige Querschnitt bleibt erhalten.

Schneidet sich ein Fluss in flach lagernde Gesteinsschichten unterschiedlicher Härte ein, entstehen Steilhänge mit Verebnungen. Täler mit diesen treppenartigen Hängen werden Cañon/Canyon genannt.

Überwiegt die Hangdenudation die Tiefenerosion, entstehen Muldentäler mit flach geneigten Hängen.

Ändern sich bei einem Fluss die fluvialen Prozesse von der Erosion zur Akkumulation, entstehen Sohlentäler. Dies können Kerbtäler oder auch Trogtäler sein, in denen der Fluss die Talsohle aufgeschüttet hat.

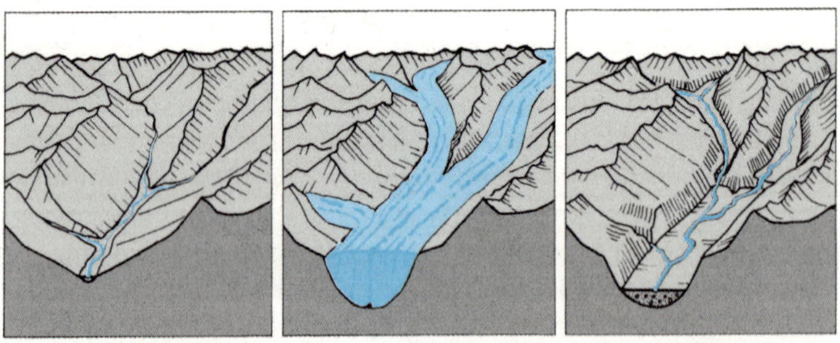

voreiszeitlich eiszeitlich nacheiszeitlich

Entstehung eines Trogtales

Olbert, G.: Oberflächenformen der Erde. Stuttgart 1984, Begleitheft S. 2

Küste

Eine Küste ist der dynamische, unterschiedlich breite Übergangsbereich zwischen Wasser und Land. Sowohl die Kraft des Meeres wie auch der Wind wirken hier auf das Land ein und sorgen für ständige Veränderung. Zum Bereich der Küste zählt noch die Marsch: sie entsteht aus marinen Sedimenten und wird eingedeicht Koog oder Polder genannt.

Marsch: völlig ebene Küstenlandschaft, manchmal auch entlang von Flüssen als Flussmarsch

Gezeiten: Ebbe und Flut

Den Gezeiten kommt bei der Ausformung der Küste besondere Bedeutung zu. Sie entstehen durch die Anziehungskräfte des Mondes, der Erde und der Sonne sowie der Fliehkraft und der Drehung der Erde. Zwei Flutberge umkreisen die Erde und sind an den Umlauf des Mondes um die Erde mit einer Dauer von 24 Stunden und 50 Minuten gekoppelt. Flut und Ebbe dauern damit jeweils 6 Stunden und 12,5 Minuten, ihre Zeiten verschieben sich täglich. Eine Tide umfasst Ebbe und Flut. Mit dem Niedrigwasser hat die Ebbe ihren tiefsten Wasserstand erreicht, die Flut mit dem Hochwasser. Den Höhenunterschied zwischen Hoch- und Niedrigwasser nennt man Tidenhub. Er wird verändert durch die Mondphasen: höhere Springflut bei Neu- und Vollmond und geringe Nipptide bei Halbmond. Auflandiger Wind führt zu einer besonders hoch ausfallenden Sturmflut.

Ebbe: Zeit des ablaufenden Wassers

Flut: Zeitraum des auflaufenden Wassers

Springflut: erhöhte Flut bei Vollmond und Neumond, wenn die Anziehungskraft der Sonne die Flut verstärkt

Nipptide: gering ausgeprägte Gezeiten

Man unterscheidet Küsten nach ihrer Form als Steil- und Flachküsten oder teilt die Küsten nach ihrer Entstehung ein.

Steilküsten können sich vor allem im festen Gestein dann bilden, wenn die Wellen in steilem Winkel auf einen Steilhang treffen und der Meeresgrund sehr rasch absinkt. Die Brandung höhlt den Steilhang in der Brandungshohlkehle aus, bis das überhängende Gestein nachstürzt. Auf diese Weise entsteht ein Kliff, das rasch zurückverlegt wird.

Flachküsten entstehen dort, wo verhältnismäßig lockeres Material die Küste bildet, der Meeresboden sanft ansteigt und damit die Wellen langsam auslaufen können. Durch auf- und ablaufende Wellen wird gleichzeitig Kies und Sand abgelagert und wieder vom Wasser abtransportiert.

Bei schräg auflaufenden Wellen kommt es deshalb zum Materialversatz entlang der Küste und damit zur Strandversetzung. Das an der Steilküste aberodierte Material wird längs der Küste verfrachtet und dort, wo die Küstenlinie einbuchtet, abgelagert.

Stadien dieser Küstenveränderung, die letztendlich zu einer begradigten Ausgleichsküste führt, sind die aufeinander folgende Bildung von Strandhaken, Nehrung, Haff und Strandsee.

Nehrung: lange, schmale Landzunge

Haff: Meeresbucht, die durch eine Nehrung fast abgeschlossen ist

Strandsee: ehemalige Meeresbucht, die durch eine ehemalige Nehrung vom Meer völlig abgeschlossen wurde

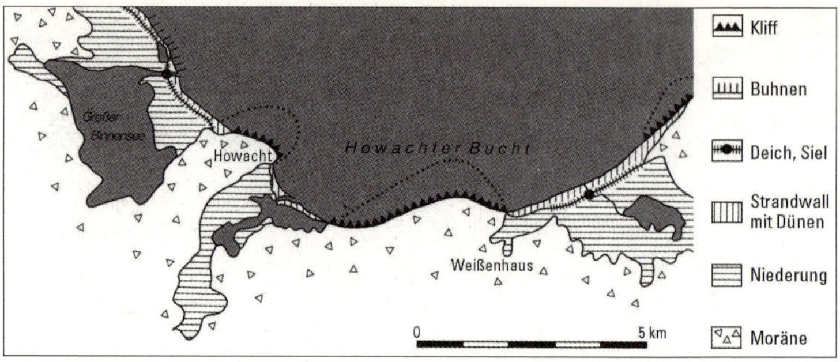

Ausgleichsküste
Wolfgang Hassenpflug: Die Ausgleichsküste. In: geographie heute 80/1990, S. 20

Watt: flacher Übergangsbereich zwischen Land und Meer

Eine besondere Flachküste ist das Watt. Der Meeresboden liegt hier im Bereich des Tidenhubs und fällt damit regelmäßig bei Ebbe trocken. Dabei läuft das Wasser durch Priele, sich baumartig verzweigende Wasserrinnen, ab. Der Boden besteht aus den marinen Sedimenten Sand (Sandwatt) oder Schlick, die beim Wechsel von Flut zur Ebbe abgelagert werden. Halligen sind die Inseln des Wattenmeeres, sie enthalten meist einen Marschkern und können überflutet werden. Aus diesem Grund sitzen die Gebäude dieser Inseln auf künstlich aufgeworfenen Hügeln, den Warften.

Transgression: Anstieg des Meeresspiegels durch Senkungen von Landmassen oder durch das Abtauen von Inlandseismassen während der Warmzeiten

Nach ihrer Entstehung lassen sich zwei Gruppen von Küstenformen unterscheiden: Transgressionsküsten bilden dabei die eine Gruppe. Sie entstehen durch das Ansteigen des Wasserspiegels (ca. 80–100 m nach der letzten Eiszeit) und bzw. oder durch das epirogenetische Absinken der Landoberfläche z. B. durch tektonische Vorgänge.

Je nach überfluteter Landschaftsform entstehen dabei charakteristische Küstenformen:

- In glazial geformten Landschaften werden überflutete Trogtäler zu tiefen Fjorden mit steilen Seitenwänden,
- postglaziale Schmelzwasserrinnen zur Fördenküste mit weit ins Landesinnere reichenden, länglichen Meeresarmen,
- Rundhöckerlandschaften zur Schärenküste mit zahlreichen flachbuckligen Felseninseln und
- Grundmoränenlandschaften zur Boddenküste mit stark zergliederter Küstenlinie.
- Riasküsten sind küstennahe ertrunkene Kerbtäler, die während der Eiszeit, als der Meerwasserspiegel abgesenkt war, vertieft und postglazial durch das steigende Wasser überflutet wurden.
- An Küsten mit starkem Tidenhub erweitert der Flut- und Ebbestrom die Flussmündung zum Ästuar.

Ästuar: Trichtermündung

Regression: Absenken des Meeresspiegels durch Hebung von Landmassen oder durch die Bindung von Wasser in Inlandseismassen während einer Kaltzeit

Regressionsküsten entstehen z. B. durch Hebung des Landes, wie dies postglazial in Skandinavien zu beobachten ist.

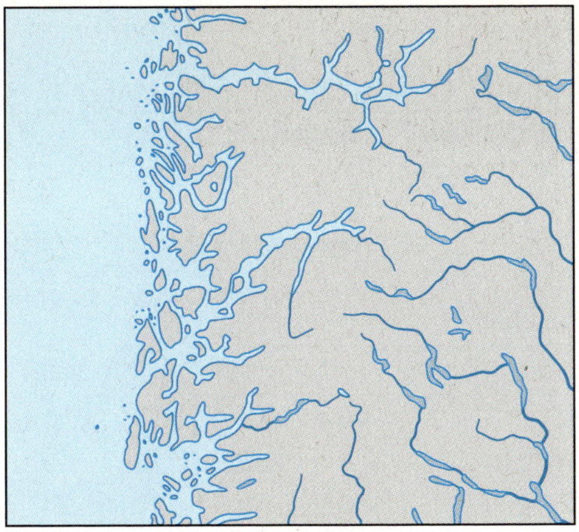

Fjordküste in Norwegen (1 : 5 000 000)

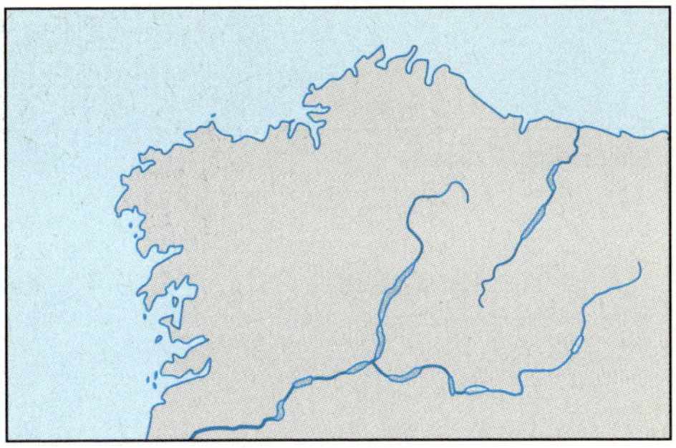

Riasküste in Nordwestspanien (1 : 5 000 000)

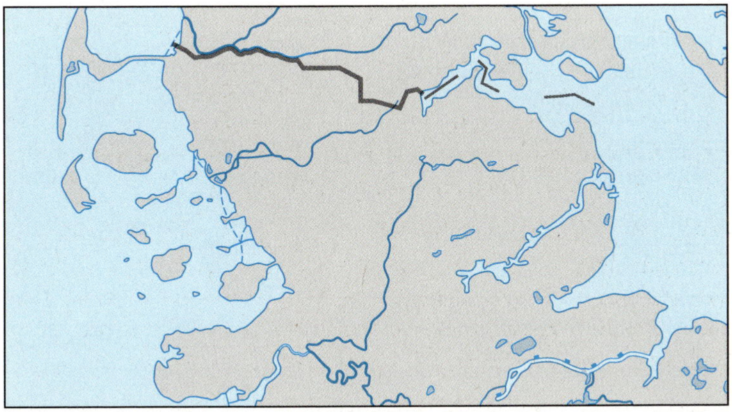

Watten- und Fördenküste in Schleswig-Holstein (1 : 1 500 000)

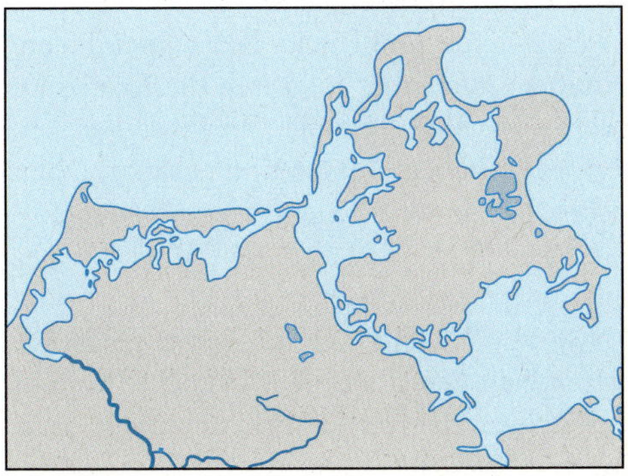

Boddenküste in Mecklenburg (1 : 1 500 000)

Schärenküste in Finnland (1 : 5 000 000)

Küstenformen

Die folgende Übersicht fasst die verschiedenen Küstenformen und ihre Entstehung zusammen:

Genetischer Prozess			Präexistentes Relief	Küstentyp	
Transgression	Abtragung Kliff- und Schorrenbildung		Trogtäler	Fjordküste	
			subglaziäre Rinnentäler und Zungenbecken	Fördenküste	
			Rundhöcker	Schärenküste	Steilküsten
			fluviale Gebirgstäler	Riasküste	
	Abtragung, Auflandung		Grund- und Endmoränenrelief / breite Zungenbecken	Boddenküste	
		Wirkung von Gezeitenströmen	Flachtäler großer Tieflandsflüsse	Ästuarküste	
Transgression, Regression	Auflandung im Gezeitenbereich unter Mitwirkung der Vegetation			Wattküste Mangroveküste	Flachküsten
	biogener Küstenaufbau			Korallenriffküste	

Hartke u. a. (Hrsg.): Lehrbuch der Physischen Geographie. Thun und Frankfurt/Main 1987, S. 138

Karstformen

Korrosion: Lösung

Als Karst wird ursprünglich ein Teil der Dinarischen Gebirgslandschaft aus Kalkgestein zwischen Triest und Rijeka bezeichnet. Heute werden damit alle Erscheinungen benannt, die durch die Korrosion von Gesteinen, insbesondere von Kalkgesteinen, bewirkt werden. Die Korrosion von Kalk erfordert neben Wasser Kohlensäure. Dann wird Kalkgestein in lösliches Kalziumhydrogencarbonat nach folgender Formel umgewandelt: H_2O + CO_2 + $CaCO_3$ ergibt $Ca(HCO_3)_2$. Das Kalziumhydrogencarbonat kann leicht in Lösung gehen und abtransportiert werden. Je mehr CO_2 im Wasser gelöst ist, desto mehr Kalk kann letztendlich gelöst werden. Umkehrt kommt es bei einer Erwärmung des Wasser zu einer Umkehrung des Prozesses und zu einer Ausfällung von Kalk.

Die Korrosion greift die Kalkschichten an der Oberfläche und in Klüften an. Es entstehen sowohl im bedeckten Karst (hier sind Boden und Vegetation noch vorhanden) wie auch im nackten Karst (hier fehlen sie) ganze Felder von mehr oder minder tiefen, sich kreuzenden Furchen, die Karren. Wo das Wasser die Karren erweitert, entstehen trichterförmige Vertiefungen mit einem Durchmesser bis zu 1 000 m, die Dolinen. Sie können aber auch durch Einsturz eines unterirdischen Hohlraums entstehen. Größere Hohlformen im Karst sind die Quadratkilometer großen Poljen: sie haben einen ebenen Boden aus lehmigen Ablagerungen und ermöglichen dadurch eine agrarische Nutzung. Durch die Abdichtung nach unten wird in diesen Gebieten die seitliche Korrosion verstärkt und steile, scharf abgegrenzte Hänge begrenzen die Poljen.

Doline: runde Hohlform an der Erdoberfläche

Polje (serbokroatisch: Acker): Feld, mehrere Quadtratkilometer großes Becken

Auffallend in Karstgebieten sind die wasserlosen Trockentäler. Da oberirdisch fließende Gewässer auch bei hohen Niederschlägen im Karst versickern oder in Schwundlöchern verschwinden, können diese Trockentäler nur unter anderen Bedingungen entstanden sein. Viele entstanden in den Eiszeiten, als Dauerfrostboden den Untergrund abdichtete. So konnten Gewässer oberirdisch abfließen und die Täler formen. Die in Schwundlöchern versickerten Gewässer kommen oft weit entfernt als kräftig schüttende Karstquelle (Quelltopf) wieder an die Oberfläche. Auf seinem Weg durch das Gestein erweitert das Wasser Spalten zu Tropfsteinhöhlen. Dort können durch Ausscheidung von Kalk Tropfsteine entstehen: von den Decken wachsen die spitzen Stalaktiten herab, am Boden die Stalagmiten empor.

Trockental: wasserloses Tal im Karst

Schwundloch: durch Korrosion entstandenes Abflussloch im Karst

Dauerfrostboden: in der Tiefe permanent gefrorener Boden, der nur in der warmen Jahreszeit oberflächlich auftaut

Karstquelle: besonders stark schüttende Quelle im Karst oder am Rande des Karstgebietes

Stalaktiten: Tropfsteine, die von der Decke der Karsthöhle herabhängen

Stalagmiten: Tropfsteine, die vom Höhlenboden dort langsam nach oben wachsen, wo Wasser auf den Boden tropft und etwas vom gelösten Kalk ausgeschieden wird

In den feuchten Tropen kommt es in den Kalkgebieten zu einer besonders eindrucksvollen Form, dem Kegelkarst. Die intensive Korrosion führt zuerst zur Ausbildung von Schlucklöchern, die sich zu Cockpits erweitern. Diese sternförmigen Hohlformen erweitern sich schneller in die Tiefe als in die Breite, bis sie eine nicht lösungsfähige Gesteinsschicht erreicht haben. Die zwischen den einzelnen, oftmals zusammengewachsenen Cockpits stehengebliebenen Restberge der ehemaligen Kalkschicht erinnern in ihrer Form an Kegel.

Formen der Schichtstufenlandschaft

Aus dem Zusammenspiel von tektonischen Prozessen, unterschiedlichen Gesteinsschichten und der Erosion sind die Schichtstufenlandschaften entstanden, die z. B. in Südwestdeutschland, Frankreich und England anzutreffen sind.

Schichtstufenlandschaft: Landschaftsform , die im Bereich von flach wechsellagernden Gesteinschichten entstehen kann

Voraussetzung für ihre Entstehung sind flach geneigte, abwechselnd widerständige Gesteinsschichten. Durch selektive Erosion an den einzelnen Gesteinsschichten werden diese unterschiedlich abgetragen.

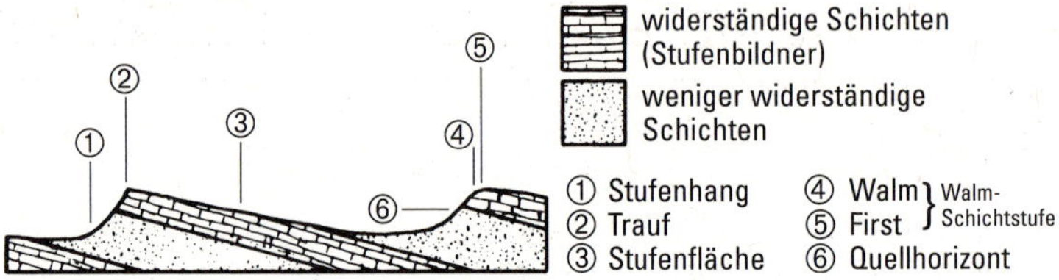

Schichtstufenlandschaft
nach Blume, H.: Probleme der Schichtstufenlandschaft. Erträge der Forschung, Bd. 5, Darmstadt 1971, S. 11

Eine Schichtstufe besteht aus Stufenhang und Stufenfläche. Der Stufenhang erhält seine Form aus steilem Oberhang und flacherem Unterhang aufgrund unterschiedlicher Gesteine. Eine geomorphologisch harte, Wasser durchlässige Gesteinsschicht, z. B. Sandstein oder Kalk, baut als Stufenbildner den Oberhang auf. Der Unterhang wird aus geomorphologisch weichen, wasser undurchlässigen Gesteinen, den Hangbildnern (z. B. Mergeln oder Tonen), gebildet. Die Grenze zwischen Oberhang und Unterhang bildet oftmals eine sichtbare Nutzungsgrenze zwischen Wald am Oberhang und Obstwiesen bzw. Feldern am unteren Hangabschnitt. Das im Wasser durchlässigen Stufenbildner versickerte Wasser sammelt sich auf den Hangbildnern und tritt in zahlreichen Quellen an der Grenzlinie aus, so dass man hier von einem Quellhorizont spricht.

Ausliegerberg: schmaler, länglicher Vorsprung an einer Schichtstufe, der noch mit der Stufe verbunden ist

Zeugenberg: isolierter Berg vor einer Schichtstufe, der den selben Aufbau wie die Stufe aufweist

Die Schichtstufen werden im Laufe der Zeit immer weiter zurückverlegt. Wichtige Indizien dafür sind Sporne und Ausliegerberge, vor allem aber Zeugenberge. Letztere weisen denselben Gesteinsaufbau auf wie die hinter ihnen liegende Stufe, sind aber von dieser Stufe getrennt. Sporne und Ausliegerberge stehen dagegen noch in Zusammenhang mit dieser Stufe. Ursache für die Bildung dieser Formen sind z. B. tektonische Absenkungen, aufgrund deren sich diese Teile in einer lokalen Schutzlage befinden, damit der Abtragung weniger ausgesetzt sind und so der Stufenrand lokal vorspringen kann. Umkehrt weicht ein Schichtstufenrand dort, wo er tektonisch herausragt, weiter zurück als der generelle Stufenverlauf, da er ja der Abtragung verstärkt ausgesetzt ist.

Die Entstehung von Schichtstufenlandschaften ist noch nicht eindeutig geklärt. Die klassische Theorie erklärt die Entstehung eines Antiklinal-Schichtstufenlandes, hier weisen die Stufenhänge nach innen zum Zentrum der Antiklinale folgendermaßen:

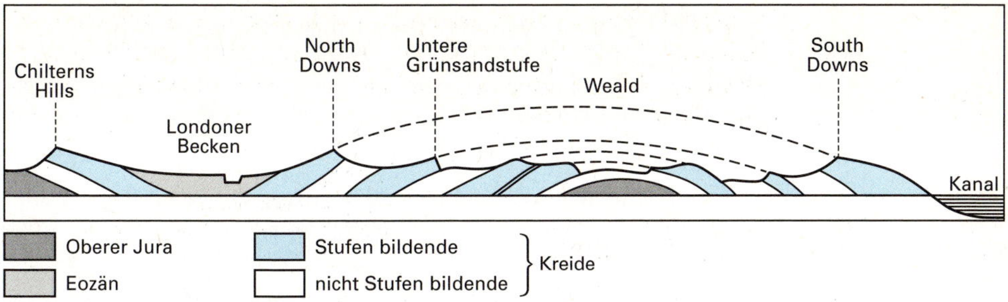

Synklinal- und Antiklinalstufenland in England, vereinfacht nach Wilhelmy, H.: Geomorphologie in Stichworten. Bd. II. Kiel 1981[4], S. 187

Voraussetzung für die Entstehung ist die Wechsellagerung von morphologisch harten und morphologisch weichen Gesteinsschichten. Durch tektonische Vorgänge kommt es zur Schrägstellung der ursprünglich horizontal gelagerten Schichten durch Aufwölbung. Die Stufenbildung entsteht durch selektive Abtragung: am höchsten Punkt des Gewölbes setzt Abtragung ein. Die morphologische weichen Schichten werden durch Gewässer schneller abgetragen als die morphologisch harten, die als Stufen länger erhalten bleiben. In der Folgezeit erfolgt eine Rückverlegung der Stufen dadurch, dass die Hangbildner schneller abgetragen werden und die darüber liegenden harten Schichten nachbrechen.

2.3 Abi-Übung: endogene und exogene Dynamik

Die Alpen sind ein junges Hochgebirge, das sowohl von endogenen als auch von exogenen Kräften geformt wird.

1. Kennzeichnen Sie den Gebirgstyp der Alpen anhand folgender Abbildung und erklären Sie die Entstehung dieses Gebirgstyps.

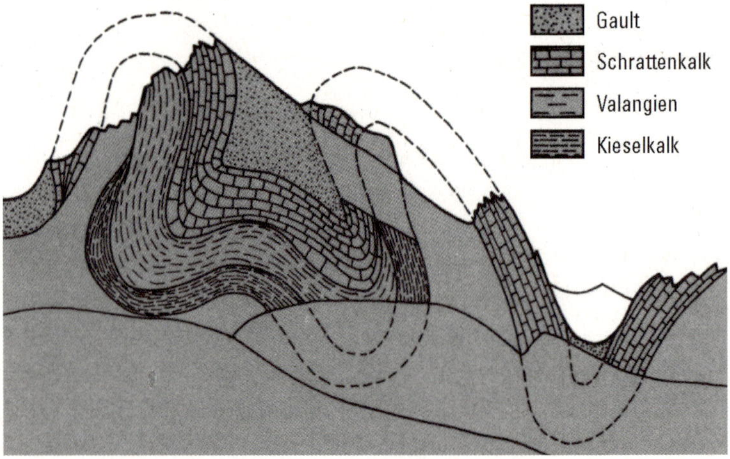

Abb. 1: Schemazeichnung des Gebirgsmassivs Churfirsten
Olbert, G.: Oberflächenformen der Erde. Stuttgart 1984, S. 74

Das Alpenvorland weist verschiedene morphologische Formen auf.

2. Beschreiben Sie die in der Abb. 2 dargestellten naturräumlichen Einheiten A bis D und erklären Sie die Entstehung der Einheiten.

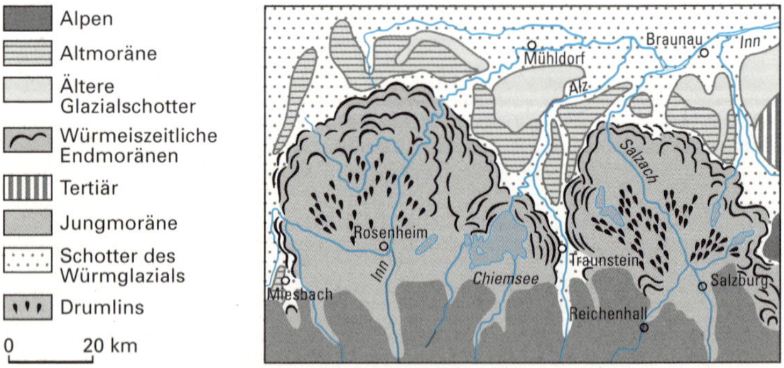

Abb. 2: Landschaftsgliederung östlich von München
nach E. Schwegler, P. Schneider, W. Heißel: Geologie in Stichworten. Kiel 1969[3], S. 111

3. Begründen Sie, welches die Talterrassen des Oberlaufs und welche die des Unterlaufs sind. (K = Kaltzeit, W = Warmzeit)

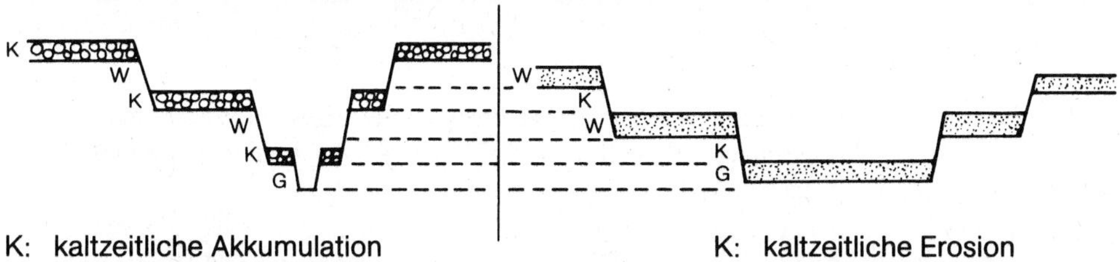

K: kaltzeitliche Akkumulation
W: warmzeitliche Erosion
G: Gegenwart

K: kaltzeitliche Erosion
W: warmzeitliche Akkumulation
G: Gegenwart

Abb. 3: Talterrassen im Oberlauf und Unterlauf eines Flusses
Olbert, G.: Oberflächenformen der Erde. Beiheft. Stuttgart 1984, S. 9

3 Vorgänge in der Atmosphäre

Klima: Gesamtheit der für einen Raum typischen Witterungsabläufe

Wetter: momentaner Zustand der unteren Atmosphäre

Atmosphäre: Gashülle von Himmelskörpern, meist Lufthülle der Erde

Klima und Wetter beschreiben zwei unterschiedliche Zustände der Atmosphäre, der Lufthülle, die unseren Planeten umgibt und das gegenwärtige Leben ermöglicht. Unter Wetter versteht man sowohl die kurzfristigen Veränderungen der Atmosphäre wie auch ihren augenblicklichen Zustand an einem bestimmten Ort. Witterung beschreibt die für eine Region typische, längere Zeit anhaltende Wetterlage. Im Gegensatz zum Wetter bezeichnet der Begriff Klima die Gesamtheit der für einen Raum typischen Wetterabläufe, die über einen längeren Zeitraum, meist mehrere Jahrzehnte, konstant bleiben.

Klimafaktoren: nehmen auf die Ausprägung des Klimas Einfluss

Die geographischen Eigenschaften eines Raumes wie Höhenlage, Exposition, Hangneigung, Bodenbedeckung, Meeresströmungen (über den Wärmetransport) und Land-Meer-Verteilung beeinflussen als Klimafaktoren die Ausprägung von Klima und Wetter.

Klimadiagramm: Grafische Darstellung des Jahresgangs von Temperatur und Niederschlag

Die messbaren Klimaelemente wie Lufttemperatur, Luftdruck, Wind, Luftfeuchtigkeit, Bewölkung, Niederschlag und Verdunstung machen das Klima aus. Langjährige Messungen dieser Klimaelemente stellen die Klimadaten bereit, die das Klima beschreiben. Die graphische Darstellung dieser Klimadaten ergibt das Klimadiagramm, welches den Jahresgang des Klimas meist anhand von Niederschlag, Temperatur und potenzieller Verdunstung darstellt:

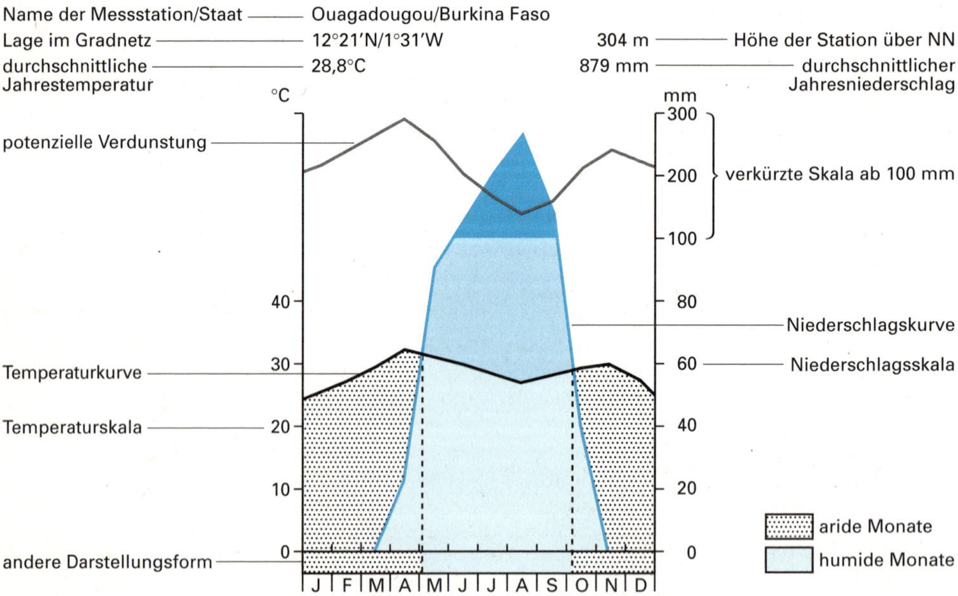

Klimadiagramm

3.1 Aufbau und Schichtung der Atmosphäre

Die Atmosphäre ist größtenteils aus einem Gemisch unterschiedlicher Gase aber auch aus Flüssigkeiten und festen Stoffen zusammengesetzt:

Stickstoff	78,080 Vol.%
Sauerstoff	20,950 Vol.%
Argon	0,930 Vol.%
Kohlenstoffdioxid (CO_2)	0,035 Vol.%
Spurengase wie Methan (CH_4), Distickoxid (N_2O), FCKW, Kohlenstoffmonoxid (CO) und Ozon (O_3)	< 0,04 Vol. %
Kleiner Anteil, aber große Wirkung auf den Strahlungshaushalt „Weltraum-Atmosphäre-Erdoberfläche“	

Die Zusammensetzung der Atmosphäre hat sich im Laufe der Erdgeschichte stark verändert und ist auch heute z.B. jahreszeitlichen Veränderungen oder dem Einfluss des Menschen unterworfen.

Die Atmosphäre rotiert mit der Erde mit. Sie reicht bis in etwa 1 000 km Höhe. In den verschiedenen Schichten verändern sich Druck und Temperatur:

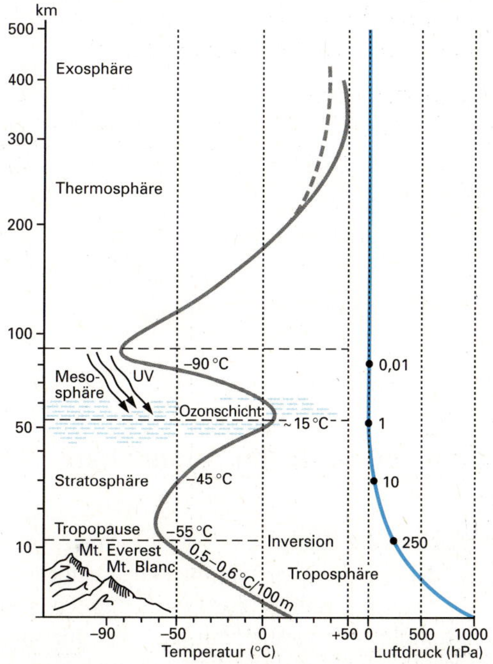

Aufbau der Atmosphäre
Hans-Ulrich Bender u. a.: Fundamente. Stuttgart 1994, S. 24

Troposphäre: unterste Schicht der Atmosphäre

In der untersten Schicht, der Troposphäre, die an den Polen 8–9 km und am Äquator 17–18 km hoch reicht, spielt sich im Wesentlichen das Wetter- und Klimageschehen ab. Hier verbleibt auch der größte Teil der anthropogenen Emissionen aus Industrie, Verkehr, Hausbrand und Brandrodung. In der Stratosphäre befindet sich zwischen 15 und 50 Kilometern die schützende Ozonschicht. Die Bedeutung der Ozonschicht liegt darin, dass durch ihren Aufbau und die in ihr ablaufenden Prozesse das Leben auf der Erde ermöglicht wird. Das Ozon bildet sich auf natürliche Weise durch Bestrahlung des Sauerstoffs. 55 % der solaren UV-Strahlung, insbesondere die gefährliche UV-B/UV-C-Strahlung unter 0,3 µm werden durch O_3 absorbiert.

Ozonschicht: Schicht in 15 bis 50 km Höhe mit großen Mengen an dreiatomigem Sauerstoff (O_3)

UV-Strahlung: energiereiche ultraviolette Strahlung

anthropogen: von Menschen gemacht

In den letzten Jahren jedoch nimmt die Konzentration des Ozons ab, da durch die anthropogenen Fluorchlorkohlenwasserstoffe (FCKW) der natürliche Ozonabbau verstärkt wird.

Diese Zersetzung des Ozons geschieht in großem Umfang während des Winterhalbjahrs über den jeweiligen Polen und besonders stark über der Antarktis. Während der Wintermonate werden die FCKW in der Stratosphäre nur wenig abgebaut und inaktiv gespeichert. Im Frühjahr werden sie rasch freigesetzt und zerstören größere Mengen von Ozon. So kommt es z.B. im September und Oktober über der Südhalbkugel zum Ozonloch.

Vermehrt gelangt nun die UV-Strahlung auf die Erde und bedroht Flora und Fauna. Bei den Pflanzen werden Zellen zerstört und die Fotosynthese beeinträchtigt. Stark geschädigt wird durch die UV-Strahlung das Phytoplankton in den Weltmeeren. Dies hat einerseits Auswirkungen auf die Nahrungskette, andererseits aber besonders auf die Funktion der Weltmeere als CO_2-Senke und führt damit zur Steigerung des natürlichen Treibhauseffektes (s. S. 50).

Phytoplankton: ein- und mehrzellige pflanzliche Kleinstlebewesen, die Fotosynthese betreiben

Für den Menschen erwarten die Wissenschaftler durch die erhöhte UV-Strahlung eine Zunahme der Hautkrebs- und Augenerkrankungen sowie Störungen des Immunsystems.

3.2 Strahlungsbilanz in der Atmosphäre

Wichtigste Energiequelle für die Erde ist die Sonne. Nur etwa 2 Milliardstel der Sonnenstrahlung erreicht die Erde. Aufgrund der großen Entfernung der Erde zur Sonne (ca. 150 Millionen km) fallen die Sonnenstrahlen annähernd parallel ein. An der Obergrenze der Atmosphäre beträgt die Energiemenge 1 376 $W \cdot m^{-2}$. Dieser Wert wird als Solarkonstante bezeichnet.

Das Energiesystem Sonne-Atmosphäre-Erdoberfläche befindet sich in seiner Strahlungsbilanz insgesamt in einem Gleichgewicht: Einstrahlung und Ausstrahlung müssen für dieses System gleich groß sein.

Innerhalb dieses Systems wird die ankommende kurzwellige Strahlung in langwellige Wärmestrahlung umgewandelt. Während kurzwellige Strahlung die Atmosphäre gut verlassen kann, wird die langwellige Strahlung von Wolken und der Atmosphäre absorbiert oder als Gegenstrahlung zur Erdoberfläche abgestrahlt.

Für die Strahlungsbilanz dieses Systems sind verschiedene Faktoren maßgeblich. Die Gase der Atmosphäre absorbieren und emittieren die Strahlung in derselben Wellenlänge. Im kurzwelligen Bereich absorbieren Sauerstoff und insbesondere Ozon die Wellenlängen unter 0,3 µm vollständig. Der Hauptanteil der Absorption im langwelligen Bereich wird durch H_2O und CO_2 erbracht.

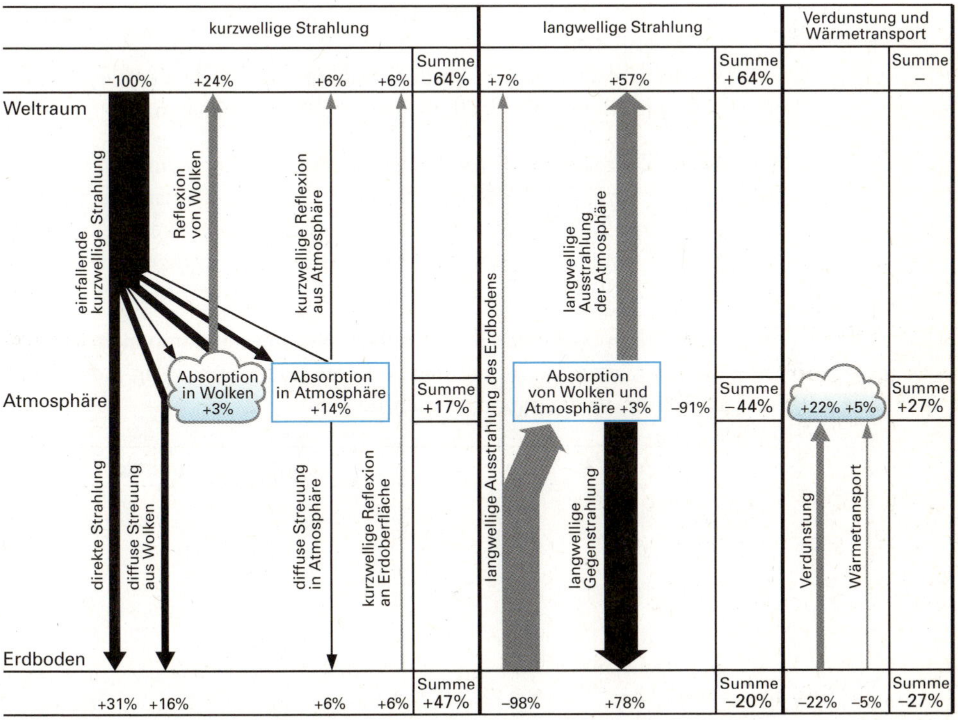

Globale Jahresmittel der Energiebilanz
nach Fortak, Heinz: Metorologie. Berlin: Reimer 1982, S. 21

Die Erdoberfläche reflektiert einen Teil der ankommenden kurzwelligen Strahlung. Der größere Teil der kurzwelligen Strahlung wird von der Erdoberfläche absorbiert und als langwellige Strahlung wieder in die Atmosphäre abgegeben. Diese Strahlung verlässt die Erde jedoch nicht sofort, sondern wird zu einem Teil durch Wasserdampf, Kohlenstoffdioxid und Ozon absorbiert. Die aufgenommene Strahlungsenergie erwärmt die Luft. Der andere Teil wird als Gegenstrahlung wieder zur Erdoberfläche reflektiert. Damit bleibt in der unteren Atmosphäre zunächst mehr Energie, die erst nach und nach abgegeben wird. Wie in einem Treibhaus führt dies zu einer Erwärmung, man nennt diesen Effekt deshalb auch Treibhauseffekt.

Treibhauseffekt: englisch: greenhouse effect, umgangssprachliche Bezeichnung für die Gegenstrahlung

- Ohne den natürlichen Treibhauseffekt der Atmosphäre läge die Durchschnittstemperatur auf unserem Planeten bei -18 °C und damit sämtliches Wasser als Eis vor; so sind es +14 °C und Wasser in flüssiger Form ermöglicht die Lebensprozesse;
- ohne Atmosphäre wäre die Erde einem weitaus größeren Bombardement von Meteoriten ausgeliefert, die nun in der Atmosphäre verglühen und
- ohne die Ozonschicht in der Stratosphäre würde die energiereiche UV-Strahlung heutige Lebensformen nicht zulassen.

Für Teilbereiche der Erdoberfläche sind allerdings durch die Kugelgestalt der Erde, der Rotation der Erde und der Neigung der Erdachse um 23,5 Grad gegenüber der Ekliptik positive und negative Strahlungsbilanzen möglich, die sich räumlich und zeitlich ausgleichen.

So erhalten die Pole in den jeweiligen Sommermonaten mehr Energie als im Winter. Der äquatornahe Bereich hat ganzjährig mehr Energiezufuhr als die äquatorfernen Bereiche.

°N	Jahresmittel direkt
90	176
80	197
70	225
60	270
50	340
40	369
30	444
20	465
10	475
0	477

Strahlung in verschiedenen Breitenkreisen in cal/cm² und Tag
Werte nach Houghton (1954) in: J. Blüthgen: Allgemeine Klimatologie. Berlin: de Gruyter 1966, S.67/68

Der zusätzliche anthropogene Treibhauseffekt

Seit etwa 100 Jahren wird die Strahlungsbilanz der Erde durch menschliche Tätigkeiten beeinflusst, die zu einer Verstärkung des natürlichen Treibhauseffektes führen.

Die entscheidende Rolle spielen dabei die Spurengase, allen voran CO_2, Methan und FCKW. CO_2 wird durch das Verbrennen fossiler Energieträger wie Erdöl, Erdgas und Kohle aber auch bei der Brandrodung der tropischen Wälder freigesetzt. In den 90er-Jahren des vergangenen Jahrhunderts hat sich die atmosphärische CO_2-Konzentration um 0,5 % pro Jahr erhöht und stieg von 315 ppm CO_2 auf über 360 ppm.

ppm: part per million

Das Spurengas Methan, das z. B. in der Landwirtschaft im Reisanbau und bei der Rinderzucht entsteht, und die künstlich für Spraydosen und Kühlanlagen hergestellten Chlorfluormethane (CFM) und Fluorchlorkohlenwasserstoffe (FCKW) verstärken die Absorption im langwelligen Bereich erheblich. Damit bleibt in den unteren Schichten der Atmosphäre mehr Energie zurück.

Der ausgelöste zusätzliche Treibhauseffekt erwärmt die unteren Schichten der Troposphäre. Modellrechnungen gehen davon aus, dass eine Verdopplung des CO_2-Gehaltes zu einer Änderung der Wald- und Klimatypen führt.

Mögliche, direkt wahrnehmbare Anzeichen einer beginnenden Klimaerwärmung sind am Ende der 90er-Jahre des 20. Jahrhunderts folgende Anzeichen:

- Anstieg des Meeresspiegels um ca. 10–20 cm
- Rückgang der Gletscher in den Alpen
- Anstieg der Temperatur in der Arktis

Die für das Jahr 2100 prognostizierte Klimaveränderung von +2 bis +5 °C wird allerdings zu regional äußerst unterschiedlichen Auswirkungen führen. Folgende Änderungen sind möglich:

- Die schmelzende Eisdecke lässt den Meeresspiegel um 20 bis 40 cm ansteigen und wird zur Überflutung von Küsten führen, zum Beispiel der niederländischen und norddeutschen Küste.
- In Afrika wird sich die tropische Regenzone nordwärts verlagern und Regen in den Tschad, Sudan und nach Äthiopien bringen.
- Der Mittlere Westen der USA – die Kornkammer Amerikas – wird durch heißere und trockenere Sommer geschädigt.
- Wirbelstürme werden in den Tropen häufiger auftreten.
- Die polaren Gebiete werden um bis zu 8–12 °C erwärmt. In der Arktis schmelzen dann die Meereisdecken und der Dauerfrostbo-

den taut auf. Die Eismassen der Antarktis werden dagegen durch die Erwärmung möglicherweise anwachsen: die erwärmte Luft kann mehr Wasserdampf aufnehmen und sorgt so für mehr Niederschläge.

Alle Prognosen sind jedoch von der Genauigkeit und Vollständigkeit der verwendeten Simulationsmodelle abhängig. Die Rolle der Ozeane und die Wechselbeziehungen zwischen dem Klima und der jeweils herrschenden Vegetation sind schwer zu erfassen.

3.3 Das Wasser in der Atmosphäre

Von den 1,4 Milliarden km³ globalen Wasservorkommen befinden sich nur etwa 0,001 % in der Atmosphäre. Diese Menge wird jährlich 34mal umgesetzt.

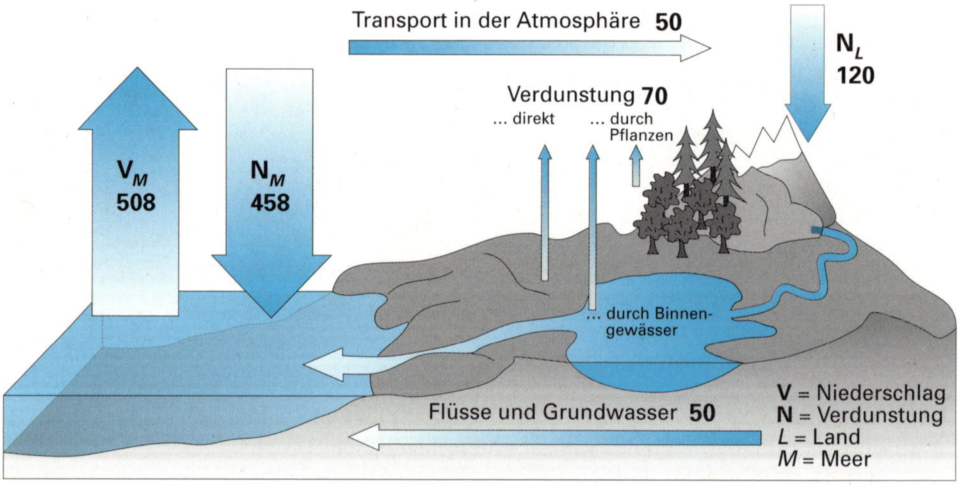

Schema des globalen Wasserkreislaufes
nach Hans-Ulrich Bender: TERRA Erdkunde. Gymnasium Baden-Württemberg 11. Stuttgart 1995, S. 32

Wasser kommt in der Atmosphäre in den drei Aggregatzuständen Wasserdampf (gasförmig), Wasser (flüssig) und Eis (fest) vor.

Alle drei Zustände können ineinander übergehen, wobei jeweils entweder Energie in Form von Wärme freigesetzt oder aufgenommen wird:

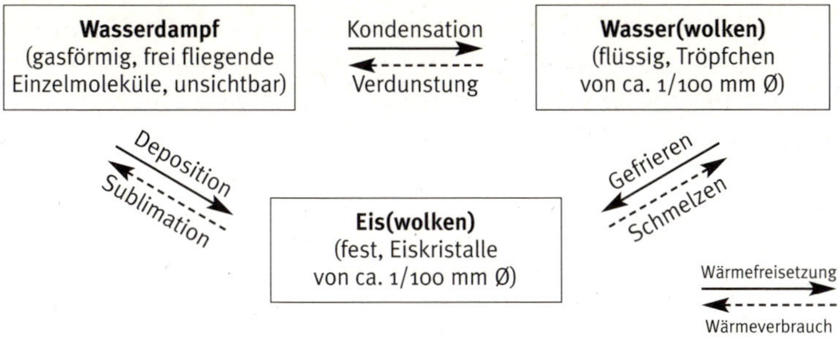

Die Menge des Wassers in der Atmosphäre wird in Abhängigkeit von der Temperatur unterschiedlich angegeben:

Als Luftfeuchte wird der in der Luft enthaltene Wasserdampf bezeichnet.

- Die absolute Luftfeuchte gibt den wirklich in der Luft enthaltenen Wasserdampf in g je m³ Luft an und
- die relative Luftfeuchte das Verhältnis der in der Luft wirklich vorhandenen Wassermenge zu der bei der herrschenden Temperatur möglichen Wassermenge in Prozent.

100 % relative Luftfeuchte bedeutet demnach, dass die Luft mit Wasser gesättigt ist.

Je wärmer die Luft ist, desto mehr Wasser kann sie aufnehmen:

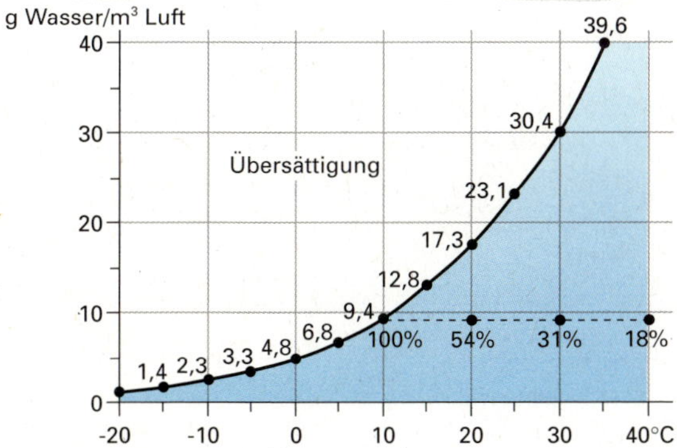

Die Sättigungskurve der Luft für Wasserdampf bei verschiedenen Temperaturen
nach Hans-Ulrich Bender: TERRA Erdkunde. Gymnasium Baden-Württemberg 11. Stuttgart 1995, S. 31

Kühlt warme, ungesättigte Luft sich ab, so steigt die relative Feuchte. Ist die Luft mit Wasser gesättigt, ist der Taupunkt erreicht. Bei weiterer Abkühlung muss der überschüssige Wasserdampf kondensieren, es bilden sich Tröpfchen. In der Höhe entstehen aus diesen

Tröpfchen Wolken durch Anlagerung des Wassers an die in der Luft enthaltenen Staubteilchen, die als Kondensationskerne dienen. Am Boden entsteht auf gleichem Weg Nebel beziehungsweise Tau oder Reif an Gräsern und Blättern.

Adiabatisch: Zustandsänderung eines Gases oder Gasgemisches wie Luft ohne die Zufuhr oder die Abgabe von Wärme. Trockenadiabatisch beschreibt den Vorgang bei Luftmassen, die nicht mit Wasserdampf gesättigt sind, feuchtadiabatisch bei mit Wasserdampf gesättigten Luftmassen.

Muss warme Luft aufsteigen, kühlt sie ab. Trockenadiabatisch kühlt sie sich dabei um 1 °C je 100 m Höhengewinn ab. Die feuchtadiabatische Abkühlung beträgt zwischen 0,5 –0,7 °C je 100 m. Feuchtadiabatische Abkühlung tritt dann ein, wenn der Kondensationspunkt erreicht ist. Die Kondensation von Wasserdampf zu Wasser setzt Wärme frei, so dass sich die aufsteigenden Luftmassen weniger abkühlen.

Exemplarisch lassen sich diese Effekte beim Föhn verfolgen:

Föhn

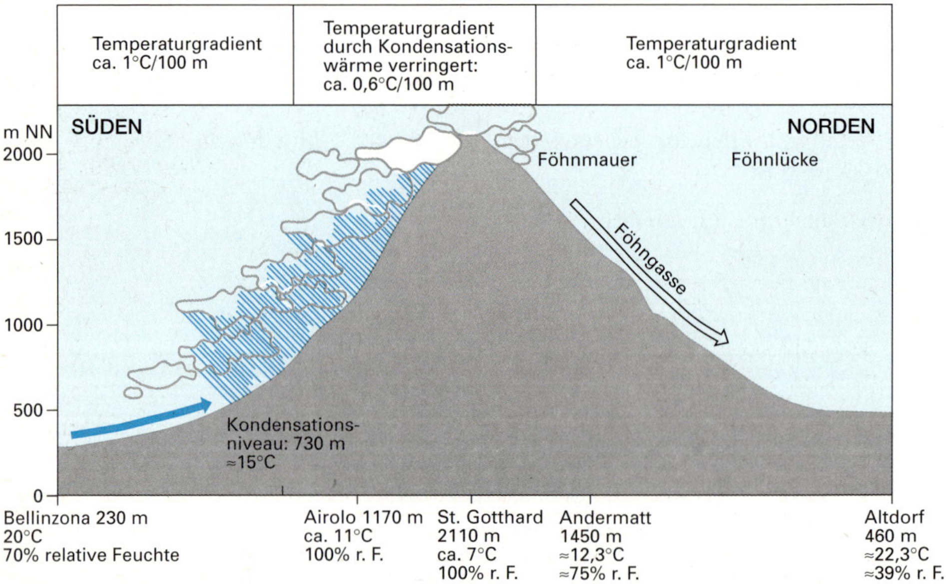

Entstehung des Föhns auf der Alpennordseite
nach Hans-Ulrich Bender u. a.: Fundamente. Stuttgart, 1995, S. 35

Föhn: trockener und warmer Fallwind, der beim Überqueren eines Gebirges entsteht

Luv: die der Windrichtung zugewandte Seite

Ursache für den Föhn sind Luftmassen, die aufgrund der Luftmassenverteilung ein Gebirge überwinden müssen. Zunächst erfolgt im Luv des Gebirges eine trockenadiabatische Abkühlung der Luftmassen, bis das Kondensationsniveau erreicht ist. Von dieser Höhe an kühlt die Luft beim weiteren Aufstieg nur noch mit etwa 0,6 °C pro 100 m ab, also feuchtadiabatisch.

Dieser Aufstieg ist mit Steigungsregen verbunden. Nach dem Überqueren des Gebirgskamms sinkt die Luftmasse ab und erwärmt sich in der Folge trockenadiabatisch. Die relative Luftfeuchte geht aufgrund der Erwärmung der Luftmasse sehr stark zurück und die Wolken lösen sich rasch auf.

Steigungsregen: Niederschläge auf der Luvseite; auch orographische Niederschläge

Die absolute Wassermenge bleibt jedoch beim Abstieg der Luftmasse konstant.

Die nun erwärmte und trockene Luftmasse wird als Föhn bezeichnet.

3.4 Luftdruck und Winde

Die Lufthülle, welche die Erde umgibt, wird von der Schwerkraft der Erde festgehalten. Diese Luftschicht lastet auf der Erdoberfläche. Der Druck, den eine Luftsäule auf die Erdoberfläche ausübt, wird Luftdruck genannt. Der Normaldruck in den Mittelbreiten beträgt in Meereshöhe circa 1013 hPa. Mit zunehmender Höhe nimmt der Luftdruck ab als Folge der abnehmenden Luftdichte: nach etwa 5000 m hat er sich halbiert.

Luftdruck: wird von den Luftteilchen in der Atmosphäre verursacht; Maßeinheit für den Luftdruck sind Hektopascal (hPa); früher auch Millibar (mb)

Der menschliche Körper ist an diesen Luftdruck so adaptiert, dass er ihn nicht wahrnimmt. Nur sehr rasche Luftdruckänderungen machen sich zum Beispiel am Trommelfell bemerkbar, wenn der Druck im Mittel- bzw. Innenohr nicht rasch genug angeglichen werden kann. Wetterfühlige Menschen reagieren unter anderem auf Luftdruckänderungen.

Der Luftdruck lässt sich mit Hilfe eines Barometers messen. Beim heute gebräuchlichen Anaeroidbarometer wird durch den Luftdruck eine Vakuumdose verformt. Bei steigendem Luftdruck wird diese Metalldose zusammengedrückt, bei sinkendem Luftdruck dehnt sie sich aus. Der Grad der Verformung und somit die Stärke des Luftdruckes kann dann auf einer Skala abgelesen werden oder wird mit über einen Zeiger auf einen Schreibstreifen übertragen.

Barometer: Gerät zum Messen des Luftdrucks

In Wetterkarten wird der Luftdruck mit Isobaren dargestellt. So werden Flächen und Gebiete sichtbar, die einen höheren oder niederen Druck aufweisen als benachbarte Gebiete.

Isobaren: Linien, die Punkte gleichen Drucks verbinden

Von einem Hochdruckgebiet spricht man dann, wenn in einem Gebiet der Luftdruck höher ist als in einem angrenzenden, in gleicher Höhenlage gelegenen Gebiet. Ist der Luftdruck in einem Gebiet tiefer als in dem angrenzenden Gebiet, weist das Gebiet Tiefdruck auf.

Hochdruck: normalerweise Gebiete mit einem Druck von > 1013 hPa

Tiefdruck: Luftdruck, der im Vergleich zum Luftdruck angrenzender Gebiete tiefer ist

Hoch- und Tiefdruckgebiete sind also relative Bezeichnungen für den Luftdruck in einem Gebiet.

Wind: Ausgleichsströmung zwischen Gebieten unterschiedlichen Luftdrucks

Zwischen benachbarten Gebieten unterschiedlichen Drucks besteht die Tendenz zum Druckausgleich. Dabei strömen Luftteilchen vom Gebiet hohen Luftdrucks zum Gebiet mit tiefen Druck. Diese Ausgleichsströmung heißt Wind. Je höher dabei die Druckunterschiede, desto stärker weht der Wind. Die höchste je in Bodennähe gemessene Windgeschwindigkeit betrug 362 km/h. Sie wurde 1934 auf dem Mount Washington in den USA gemessen.

Die Windgeschwindigkeiten werden heute mit der Beaufort-Skala angegeben, die in der Meteorologie und Schifffahrt benutzt wird:

Windstärke	Windgeschwindigkeit (km/h)	Bezeichnung der Windstärke
0	Unter 1	Windstille
1	1 – 5	Leichter Zug
2	6 – 11	Leichte Brise
3	12 – 19	Schwache Brise
4	20 – 28	Mäßige Brise
5	29 – 38	Frische Brise
6	39 – 49	Starker Wind
7	50 – 61	Steifer Wind
8	62 – 74	Stürmischer Wind
9	75 – 88	Sturm
10	89 – 102	Schwerer Sturm
11	103 – 117	Orkanartiger Sturm
12	Über 117	Orkan

In Deutschland wurden 1990 und am 2. Weihnachtsfeiertag 1999 Orkane mit Windgeschwindigkeiten von über 200 km/h gemessen.

3.5 Entstehung von Hoch- und Tiefdruck

Druckunterschiede zwischen verschiedenen Gebieten werden vor allem durch ungleiche Sonneneinstrahlung und das unterschiedliche thermische Verhalten von Wasser- und Landflächen verursacht. Neben dieser thermisch bedingten Entstehung können Hoch- und Tiefdruckgebiete auch dynamisch entstehen.

Die Entstehung thermischer Druckgebilde

Warme Luft unterscheidet sich von kalter Luft darin, dass die Isobaren bei warmer Luft größere Abstände aufweisen.

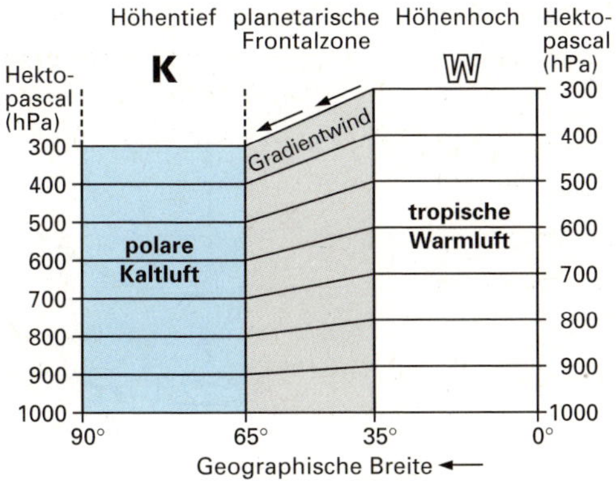

Die Entstehung der Frontalzone
aus Hans-Ulrich Bender u. a.: Fundamente. Stuttgart 1995, S. 28

In der Ausgangssituation ist der Luftdruck über dem Wasser und dem Land gleich, er nimmt in der Höhe ab. Sonneneinstrahlung verändert die Situation. Es kommt zu einer unterschiedlichen Erwärmung der Luftsäule über dem Land und über dem Wasser. Die Landoberfläche wirkt bei der Erwärmung wie eine Heizplatte und erwärmt die Luft über dem Land stärker, welche sich dadurch stärker ausdehnt.

Über dem Land wird der Luftdruck über jeder Höhenfläche verstärkt, es entsteht über jeder Höhenfläche ein höherer Druck. Damit hat sich über dem Land in der Höhe Hochdruck ausgebildet. Am Boden ist der Druck gleich geblieben.

Vom Höhenhoch über dem Land kommt es zu einem Ausströmen der Luftmassen aus der Luftsäule über dem Land in die Luftsäule über dem Wasser.

Der Massenverlust der Landluftsäule in der Höhe bewirkt letztendlich einen tieferen Gesamtdruck, der sich in einem tiefen Druck am Boden manifestiert. In der Luftsäule über dem Land sind so ein Höhenhoch und ein Bodentief entstanden, in der Luftsäule über dem Wasser ein Höhentief und ein Bodenhoch.

Entsprechend dem Druckausgleich in der Höhe vom Land zum Wasser weht am Boden ein Wind vom Wasser zum Land, der Seewind.

Land-Seewind-System: *lokales Windsystem, entsteht aufgrund unterschiedlicher Erwärmung*

Ein Land-See-Wind-System ist aufgrund thermischer Unterschiede entstanden. Dieses System tritt bei ruhiger Großwetterlage an den Küsten und größeren Binnenseen als lokales Windsystem auf. Tagsüber weht ein auflandiger, also ins Land gerichteter Wind, wie er in der folgenden Abbildung dargestellt ist, in der Nacht ein ablandiger.

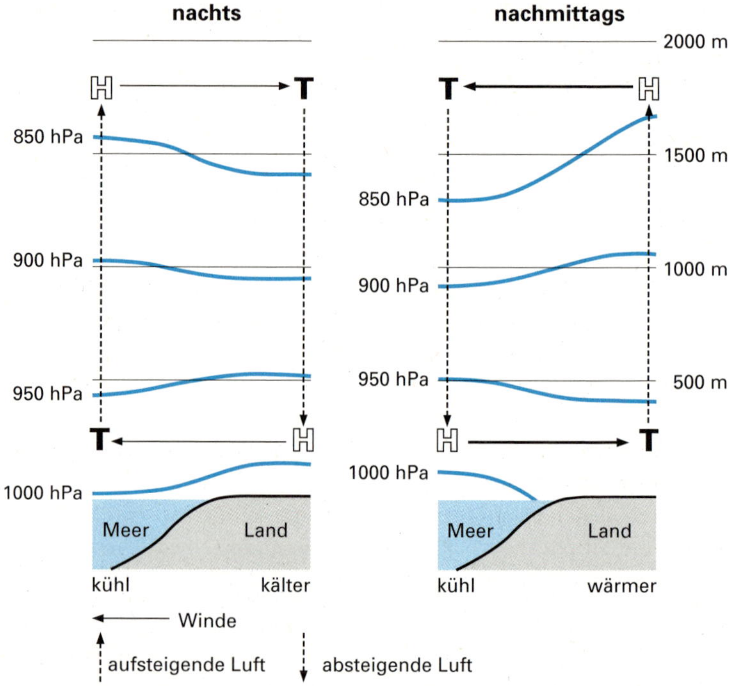

Schema zur Entstehung thermisch bedingter horizontaler Luftdruckunterschiede nach Hans-Ulrich Bender u. a.: Fundamente. Stuttgart 1995, S. 25

3.6 Grundlagen der globalen Zirkulation

Die Regeln und Abläufe bei der Entstehung lokaler, thermisch bedingter Windsysteme lassen sich auch auf globalen Maßstab übertragen.

Aufgrund der Geoidform der Erde, der Schiefe der Erdachse zur Ekliptik und der Bahn der Erde um die Sonne werden die einzelnen Regionen der Erde unterschiedlich erwärmt und so stehen sich auf der Erde eine äquatornahe und warme und zwei polare und kalte Luftmassen gegenüber.

Wie aus der Abbildung ersichtlich ist, muss zwischen diesen Luftmassen ein Wärmeaustausch erfolgen, denn ohne Wärmeaustausch würden auf der Erde extreme Durchschnittstemperaturen herrschen.

Jahresdurchschnittstemperatur auf der Nordhalbkugel

	mit Wärmeausgleich	ohne Wärmeausgleich
Nordpol (90° nördl. Breite)	-23°C	-44°C
Nördl. Polarkreis (66° nördl. Breite)	-7°C	-26°C
Nördl. Wendekreis (23° nördlicher Breite)	+24°C	+32°C
Äquator (0° nördli. Breite)	+26°C	+39°C

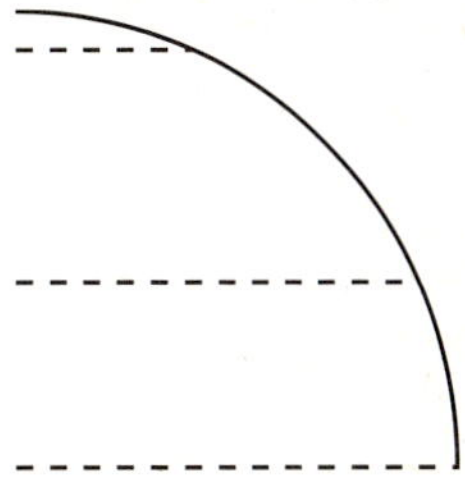

nach verschiedenen Quellen zusammengestellt

Ermöglicht wird dies durch die planetarische Druckverteilung in der Atmosphäre; am Äquator entstehen aufgrund der Einstrahlung Bodentief und Höhenhoch entsprechend dem Modell „Land-See-Wind-System" auf der Landfläche, an den Polen Bodenhoch und Höhentief. Zwischen der kalten Luftmasse und dem Bodenhoch an den Polen und der warmen Luftmasse mit dem Bodentief am Äquator entsteht ein sehr starkes Druckgefälle in der planetarischen Frontalzone.

Planetarische Frontalzone: Übergangszone zwischen tropischer Warmluft und polarer Kaltluft bei etwa 30 – 50°N und S

Um diese Temperatur-Gegensätze auszugleichen, wird Wärme vom Äquator zu den Polen transportiert. Ein Model verdeutlicht die hypothetische globale thermische Zirkulation. Die daraus mögliche globale Zirkulation ist allerdings nicht realisiert, sondern wird auf vielfältige Weise verändert. Denn nach diesem Modell müsste auf der Nordhalbkugel ein beständiger Nord-, auf der Südhalbkugel ein beständiger Südwind wehen.

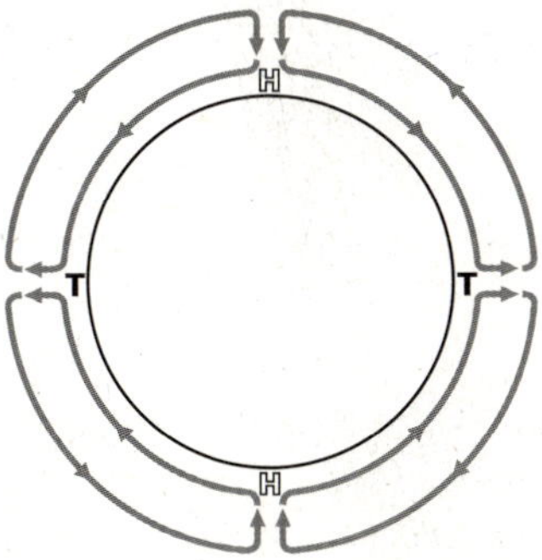

Hypothetische globale thermische Zirkulation
Entwurf: M. Scholliers

Aus der täglichen Erfahrung wissen wir, dass dies nicht zutrifft, wie die folgende Karte der Luftströmungen zeigt.

ITC: innertropische Konvergenzzone, in der bodennah Winde zusammenströmen

Am Äquator ist eine Zone tiefen Drucks, die ITC oder äquatoriale Tiefdruckrinne ausgebildet, der nach Norden und Süden jeweils subtropische Hochdruckgürtel und daran anschließend die subpolaren Tiefdruckrinnen folgen. An den Polen herrscht Hochdruck vor.

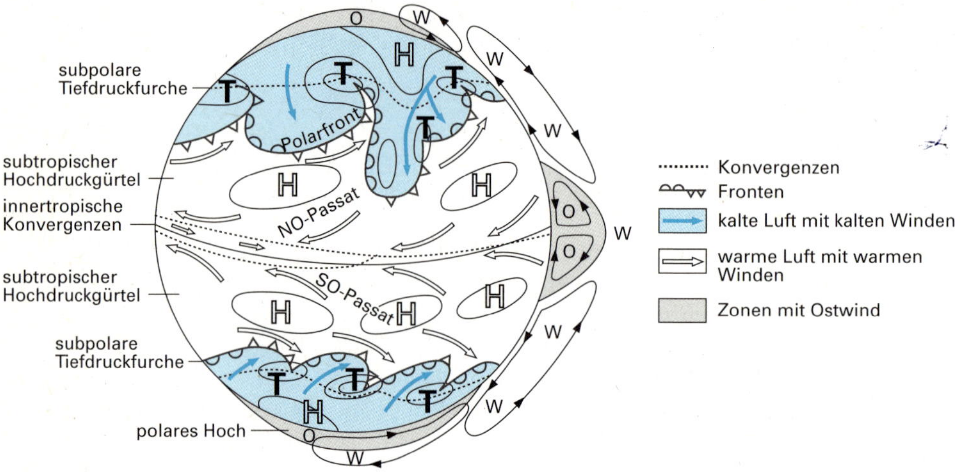

Planetarische Luftdruck- und Windgürtel in 0 – 2 km über dem Erdboden (nach Flohn)
nach Hans-Ulrich Bender u. a.: Fundamente. Stuttgart 1994, S. 29

Auf jeder Halbkugel lassen sich drei Windsysteme unterscheiden:

An den Polen Ostwinde, weiter äquatorwärts dann zuerst der Westwindgürtel und äquatornah die Passate.

Die Ursache für diese Luftdruck- und Windverteilung liegt in der Rotation der Erde und der daraus resultierenden Corioliskraft.

Corioliskraft: aus der Erdrotation resultierende Scheinkraft, die die Winde auf der Nordhalbkugel nach rechts und auf der Südhalbkugel nach links ablenkt

3.7 Außertropische Windsysteme

Die Entstehung von Westwinden in der planetarischen Frontalzone

Gradienten-Wind: entsteht aufgrund der Druckunterschiede zwischen Hoch und Tief

Höhenwestwindband: Zone orkanartiger Westwinde in der oberen Troposphäre (etwa 12 km Höhe); hervorgerufen durch das starke Luftdruckgefälle in der Höhe

In der planetarischen Frontalzone werden die Gradienten-Winde abgelenkt. Auf der nördlichen Hemisphäre werden bodennahe Nordwinde zu Nordostwinden und wehen nach Südwest. Die in der Höhe vom Äquator nach Nord wehenden Winde werden zu Westwinden, die Höhenwestwindband, auch Jet, Polarfrontjet oder Jetstream genannt werden und die Erde umkreisen. Der Jet umkreist die Erde mit einer Geschwindigkeit von 100 – 600 km/h. Diese starke Westwindströmung setzt sich meist, wenn auch abgeschwächt, bis zum Boden durch. Damit ist zunächst einmal der Austausch von Luftmassen zwischen den Polen und dem Äquator und damit auch von Wärme blockiert.

Diese Situation, in der sich auf der nördlichen Hemisphäre eine kalte Luftmasse im Norden und eine warme im Süden, getrennt durch den Jet gegenüberstehen, bezeichnet man als „high-zonal-index“.

Ein Austausch von Luftmassen erfolgt nur dann, wenn die Luft in diesem Westwindband verwirbelt wird. Bei Temperaturunterschieden in der Höhe von mehr als 6 K pro 1000 km horizontale Entfernung beginnt die stabile Westwindströmung zu mäandrieren. Reliefunterscheide, z.B. zwischen Gebirgen und Meeren verstärken diesen Effekt. In der Folge stoßen auf der Nordhalbkugel polare Kaltluftmassen äquatorwärts nach Süden vor und bilden Kaltlufttröge. Umgekehrt können tropische Warmluftmassen als Warmluftrücken weit nach Norden vorstoßen. Damit wird aber noch keine Energie ausgetauscht und Wärme transportiert.

K: Kelvin. Maßeinheit einer absoluten Temperaturskala. Hier entspricht der absolute Temperaturnullpunkt (also 0 Kelvin) einer Temperatur von −273,15 °Celsius. Die Einheiten K (Kelvin) und °C (Grad Celsius) sind gleich groß.

Kaltlufttröge: In den Kaltluftgebieten sind die isobaren Flächen zur Erdoberfläche hin abgesenkt.

Warmluftrücken: In Gebieten mit warmer Luft sind die isobaren Flächen nach oben aufgeweitet.

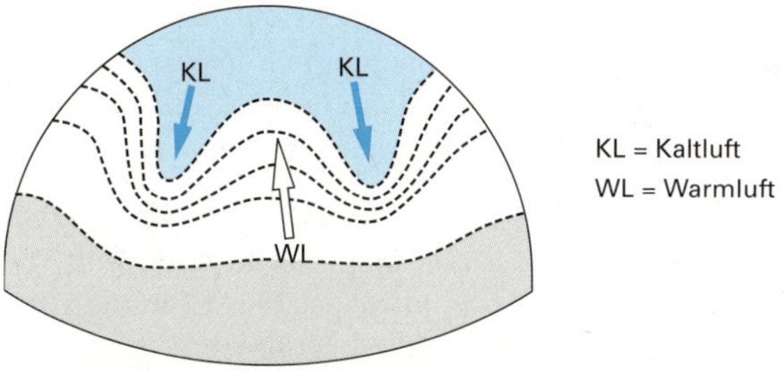

Wellenbewegung der Höhenwestwindströmung
nach Hans-Ulrich Bender u. a.: Fundamente. Stuttgart 1994, S. 28

Erst wenn sich aus dem mäandrierenden Jet Hoch- und Tiefdruckzellen ablösen, kommt es zu einer Verwirbelung von polarer Kaltluft und subtropischer Warmluft und damit zum Energieaustausch im globalen Ausmaß. Die entsprechende Situation wird „low-zonal-index“ genant. Der Polarfrontjet ist dann blockiert.

Die Entstehung von Tief- und Hochdruckzellen im Polarfrontjet

Im Unterschied zu den thermischen Tief- und Hochdruckgebieten entstehen Tief- und Hochdruckzellen hier dynamisch. Im Gegensatz zu den thermisch bedingten Druckgebilden weisen dynamische

Druckgebilde sowohl am Boden wie auch in der Höhe entweder hohen Druck beim Hochdruckgebiet oder beides Mal tiefen Druck beim Tiefdruckgebiet auf. In den Druckgebilden selbst sind deutliche Windströmungen festzustellen, die mit den Druckgebilden wandern. Auf der Nordhalbkugel drehen sich in einem dynamischen Tief, auch Zyklone genannt, die Luftmassen im Gegenuhrzeigersinn, im dynamischen Hochdruckgebiet, Antizyklone genannt, im Uhrzeigersinn. Sie folgen dabei der Regel, dass die Luft zum Tief hin, aber vom Hoch weg strömt.

Zyklone: dynamische Tiefdruckgebiet, im Gegenuhrzeigersinn rotierender Luftwirbel

Antizyklone: sich im Uhrzeigersinn drehende Luftmassen

Dabei strömt am Boden einer Zyklone Luft in das Zentrum, sie konvergiert also und steigt auf. In der Höhe strömt sie nach außen: eine Divergenz-Strömung kann beobachtet werden. Bei der Antizyklone verhält es sich umgekehrt; Konvergenz der Luftmassen in der Höhe, absteigende Luftmassen und Divergenz am Boden.

Konvergenz: das Zusammenstreben

Divergenz: das Auseinandergehen

Ursache für die Entstehung dieser Luftdruckzellen sind letztendlich Konvergenzen und Divergenzen im Polarfrontjet.

Auslöser für diese Konvergenzen und Divergenzen ist das Mäandrieren des Jets. Verengt sich in einem Wellental des Jets die Luftströmung, wird die Luft zusammen – und gleichsam nach unten gedrückt. Dabei rotiert die Luft aufgrund der Wirbelbewegung (vorticity) in dieser Strömung nach unten, indem sie im Uhrzeigersinn dreht. Am Boden herrscht dann hoher Luftdruck und die Luft strömt aus dem Hochdruckgebiet nach außen.

Kommt es im Polarfontjet zu Erweiterungen der Luftströmung, strömt die Luft auseinander und saugt nachfolgend Luft vom Boden nach. Die Luft rotiert in dieser aufsteigenden Strömung aufgrund der vorticity gegen den Uhrzeigersinn nach oben.

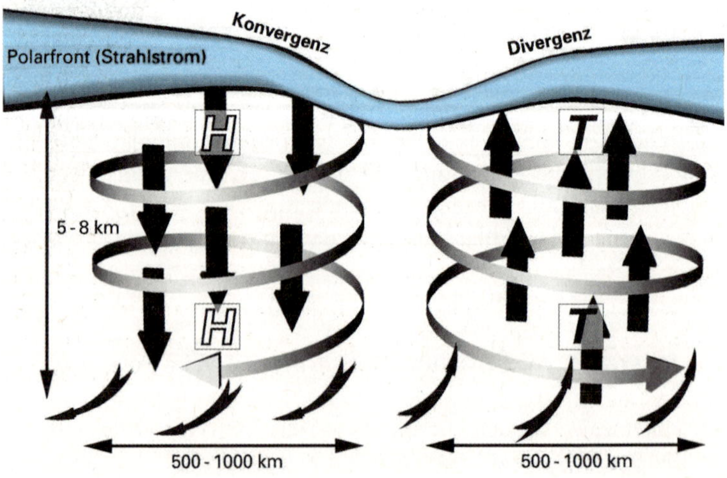

Entstehung von dynamischen Hoch- und Tiefdruckzellen

Am Boden entsteht als Folge der Divergenz in der Höhe ein Tiefdruckgebiet, in das die Luft einströmt.

Sowohl Tiefdruck- als auch Hochdruckgebiete wandern, durch den Polarfrontjet bewegt, nach Osten. Die Zyklonen werden eher auf der Polseite der planetarischen Frontalfront gebildet und ziehen nordostwärts. Zu ihnen gehören das Island- und Aleutentief. Die dort im Jahresmittel sehr häufig auftretenden, sich erneuernden Tiefdruckgebiete bilden den subpolaren Tiefdruckgürtel. Die nach Südosten ziehenden Antizyklonen entstehen äquatorseits. Sie verstärken die thermisch bedingten Hochdruckgebiete wie Azoren- oder Hawaii-Hoch und bilden den subtropisch-randtropischen Hochdruckgürtel.

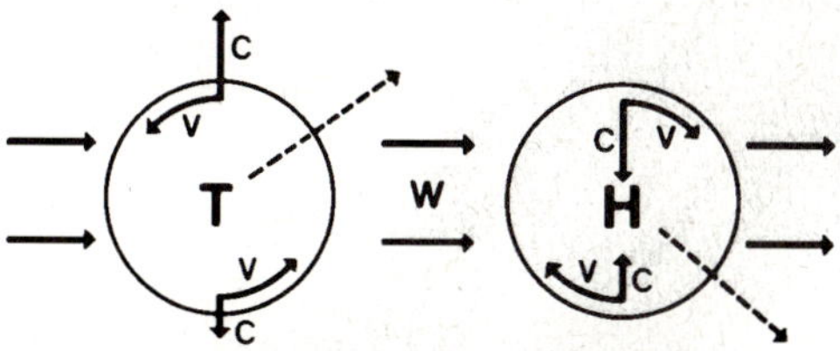

Ausscheren der Zyklonen und Antizyklonen aus der Höhenwestwindströmung auf der Nordhalbkugel (nach Flohn)
Hans-Ulrich Bender u. a.: Fundamente. Stuttgart 1994, S. 28

Das Wettergeschehen in einer Zyklone

Sowohl Hochdruck- wie auch Tiefdruckgebiete prägen den Wetterablauf in Mitteleuropa entscheidend.

Ein dynamisches Tiefdruckgebiet der planetarischen Frontalzone schaufelt im Gegenuhrzeigersinn subtropische Warmluft von Süden gegen die dort lagernde polare Kaltluft nach Norden und polare Kaltluft weit nach Süden. Bei diesem Verwirbeln der Luftmassen findet nun endlich der erforderliche Wärme- und Energieaustausch auf zwei Arten statt: zum einen wird warme Luft nach Norden und kalte Luft nach Süden transportiert, zum anderen wird durch vertikalen Luftmassenaustausch Wärme freigesetzt oder aufgenommen.

An der Vorderseite der Zyklone wird Warmluft nach Norden geführt und trifft auf die hier lagernde kältere Luft. Wie auf einer schräg ansteigenden Fläche wird Warmluft auf die Kaltluft geführt. Dabei ist die Höhenwarmfrontzone der Bodenwarmfrontzone in der Regel meist zwischen 100 und 250 km voraus, so dass man nicht von einer einheitlichen Warmfront, sondern eher von einer Übergangszone oder Frontalzone spricht.

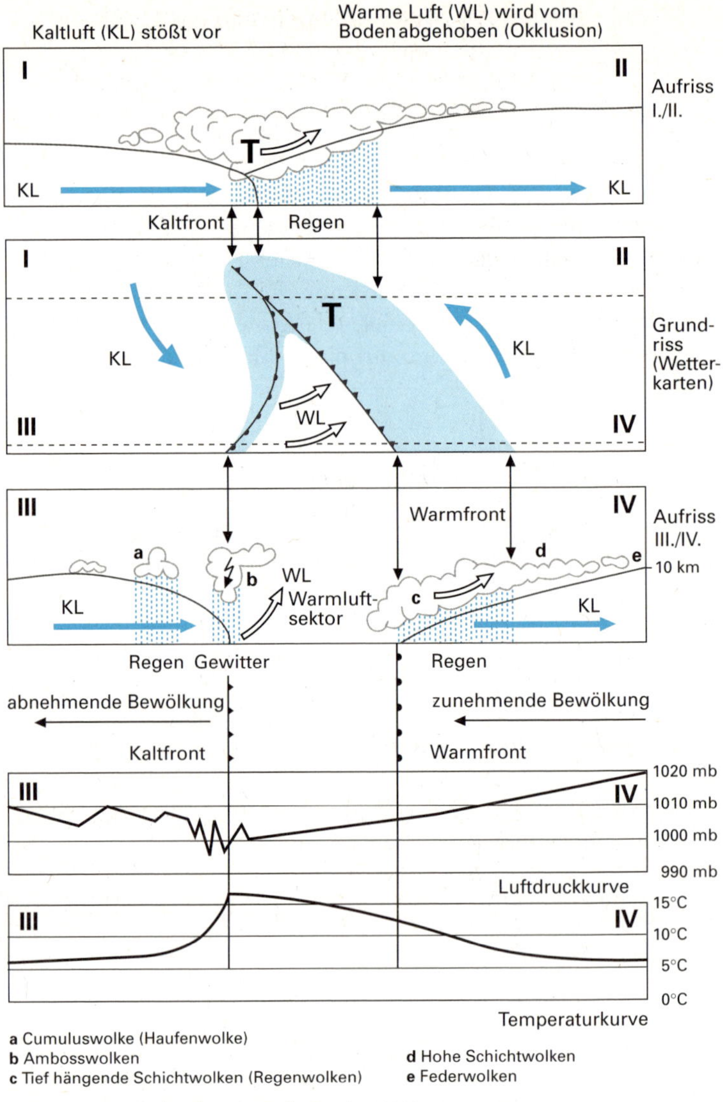

Das Wettergeschehen beim Durchzug einer Zyklone
nach Hans-Ulrich Bender u. a.: Fundamente. Stuttgart 1995, S. 30

Advektion: meteorologischer Begriff, der die horizontale Zufuhr von Luftmassen beschreibt. Advektion findet in erster Linie bei Vorgängen im Bereich von Fronten statt.

Cirren (auch Zirren): Federwolken, die in den gemäßigten Breiten zwischen 7 und 13 km Höhe entstehen und die isoliert als Fäden oder Federn erscheinen.

Altostratus-Wolken: bestehen aus Wassertröpfchen und Eiskristallen. Sie sehen aus wie dicke, graue oder bläuliche Schleier.

Nimbostratus- oder auch Regenschichtwolken: besitzen eine uneinheitliche Wolkenuntergrenze

Das langsame Aufgleiten der warmen Luft auf die kalte, vor ihr liegende Luft ist mit einem Anheben der Luft und damit auch mit Abkühlung und in der Folge Wolkenbildung verbunden. Bei dieser Advektion entsteht eine typische Abfolge von Schichtwolken: an der Spitze der Übergangszone sind Cirren zufinden, denen dann Cirrostratuswolken als feine durchscheinende Schleierwolken folgen. Diese werden abgelöst von hohen Schichtwolken, den Altostratus-Wolken, die sich zu mächtigen und tief liegenden Nimbostratuswolken verdichten. Die Altostratus-Wolken gehören dem zweiten Wolkenstockwerk von zwei bis sieben Kilometer Höhe an, die Nimbostratuswolken dem dritten Wolkenstockwerk unter zwei Kilometern. Aus ihnen fällt ein lang anhaltender, gleichmäßiger Nieselregen, der in Süddeutschland als Landregen bezeichnet wird.

Mit dem allmählichen Verdrängen der kalten Luft steigt die Temperatur, der Luftdruck fällt und der Wind dreht von Süd auf südwestliche Richtungen. Hat die Warmluft die Kaltluft am Boden verdrängt, muss sie nicht mehr aufsteigen und es werden keine Wolken mehr gebildet. In der kartographischen Darstellung wird dieser Bereich als Warmluftsektor bezeichnet. Im Warmluftsektor kann es lokal zur Konvektion der Luft kommen, welche zur Bildung von Kumuluswolken führt, aus denen mitunter Regen fallen kann.

Der Warmluftsektor wird durch die nachrückende Kaltluft polaren Ursprungs aufgelöst. Die Kaltfront verdrängt die Warmluft am Boden und zwingt sie zum raschen Aufsteigen. Es bilden sich hoch aufragende Kumulonimbus-Wolken, aus denen heftige Schauerregen mit großen Tropfen und auch Hagel fallen können. Mit dem Eintreffen des Kaltfrontbereiches sinkt die Temperatur rasch ab, der Luftdruck steigt wieder an und der Wind dreht sich von West auf nordwestliche Richtungen. Im Kaltluftsektor selbst ist die Sicht aufgrund der klaren Luft sehr gut. Das Wetter in diesem Abschnitt wird auch als Rückseitenwetter bezeichnet; es ist durch kühlere Temperaturen und Schauertätigkeit gekennzeichnet.

In der Entwicklung einer Polarfrontzyklone ist zu beobachten, dass im sogenannten Reifestadium die Kaltfrontzone die Warmfrontzone einholt. Dieser Vorgang wird als Okklusion bezeichnet. Dazu kommt es, weil die Warmfront beim Aufgleiten auf die vor ihr liegende Kaltfront Bewegungsenergie verliert und langsamer wird. Am Ende ist die restliche Warmluft vom Boden abgehoben und schwimmt als Warmluftlinse auf der Kaltluft. Das Kerntief ist aufgefüllt.

Konvektion: Wärmetransport durch sich bewegende kleinste Flüssigkeits- und Gasteilchen, vertikale Strömungsbewegung zum Temperaturausgleich

Kumuluswolken, auch Haufenwolken: besitzen weitgehend flache Unterteile und eine blumenkohlförmige Oberfläche; sie gehören zu den Quellwolken

Kumulonimbus-Wolken: ragen sehr weit in die Atmosphäre und sind an ihrer Spitze oft ambossartig abgeflacht. In der Höhe bilden sich in diesen Wolken Eiskristalle.

Okklusion: darunter versteht man eine Front, bei der die Warmluft nur noch als Tropfen in der Höhe vorhanden ist.

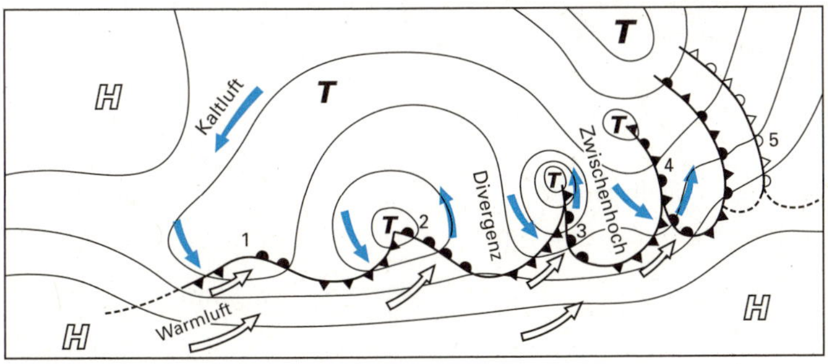

Entwicklungsstadien einer Polarfrontzyklone
nach Wolfgang Weischet: Einführung in die Allgemeine Klimatologie. Stuttgart 1977, S. 238

Oft bilden sich ganze Frontensysteme mit mehreren Tiefausläufern und Tiefdruckzentren aus, die vom Polarfrontjet von Westen nach Osten gesteuert werden und wechselhaftes Wetter verursachen. Die Zyklonen erfüllen neben dem Luftmassen- und Energieaustausch noch eine weitere wichtige Aufgabe: vom Meer wird Wasserdampf aufs Land transportiert, der dort für Niederschläge sorgt.

Im Polarfrontjet entstehen neben Zyklonen auch Antizyklonen. In ihnen sinkt die Luft ab und wird dabei erwärmt. Die erwärmte Luft nimmt mehr Wasserdampf auf: die Wolken lösen sich auf. Trockenes Wetter mit wolkenloser Luft und starker Einstrahlung am Tag und ebenso starker Ausstrahlung in der Nacht sind die Folgen.

Der Polarfrontjet lässt in unregelmäßiger Abfolge Zyklonen und Antizyklonen über Mitteleuropa hinwegziehen, die das Wettergeschehen nachhaltig steuern. Je nach Lage der Druckgebilde wird Mittel-

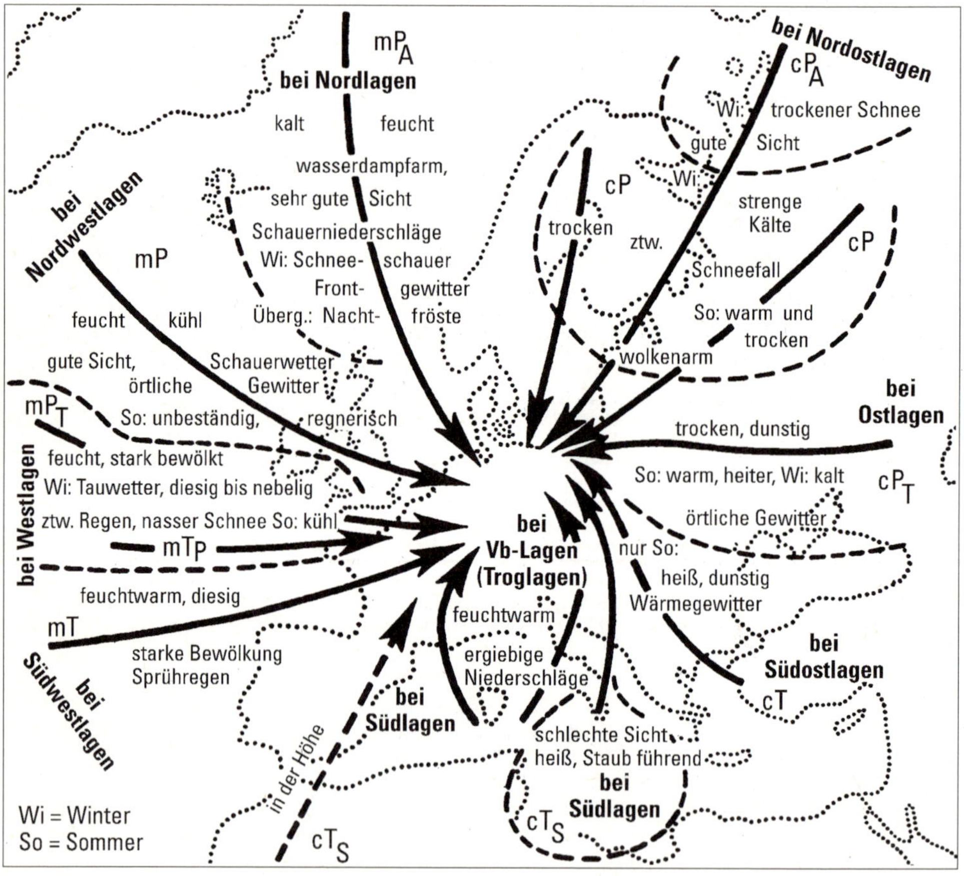

Für Mitteleuropa wirksame Luftmassen und ihre Eigenschaften
Ernst Heyer: Witterung und Klima. Leipzig: BSB G.B. Teubner Verlagsgesellschaft, 8. Aufl. 1988, S. 28

europa dabei von Luftmassen unterschiedlichen Ursprungs beeinflusst. So können für Mitteleuropa polare, tropische, kontinentale oder ozeanische Luftmassen wirksam werden. Entsprechend der Jahreszeit und ihrer Herkunft ändern sich die Temperatureigenschaften und der Feuchtegehalt der herangeführten Luftmassen.

Dabei bilden sich immer wieder typische Großwetterlagen heraus, die einen bestimmten Wetterverlauf hervorrufen.

Typische Wetterlagen für Mitteleuropa sind:

Beachten Sie bitte zu den Wetterlagen die Karten auf der folgenden Doppelseite.

Hochdrucklage über Mitteleuropa (Hitzeperiode)

- bei kräftigem Hoch tritt „blocking high" ein: Regen bringende Zyklonen werden nach Norden bzw. Süden abgedrängt
- Schönwetterlage; kaum Wolkenbildung; Aufheizung des Landes
- im Winter starke Auskühlung; Nebeldecke über dem Tiefland und Gewässerregionen

Westwindwetter (Landregen, Weihnachtstauwetter)

- entsprechend dem Jet in der Höhe überqueren Tiefdruckgebiete mit Warm- und Kaltfronten Mitteleuropa
- im Warmsektor strömt warme Luft von Süden bzw. Südwesten ein
- nach Durchgang der Kaltfrontzone dringt polare Luft nach Süden vor
- wechselhaftes Wetter
- im Sommer relativ kühl
- im Winter zuerst relativ milde Meeresluft, später dann polare Kaltluft mit Schnee
- besonders häufig an Weihnachten als „Weihnachtstauwetter"

Ostlage (Sibirische Kälte)

- Hochdruckgebiet mit Kern über Nordeuropa
- die Tiefs des Atlantik werden ferngehalten
- im Winter bringt diese Lage mit asiatischer Luft oft klirrende Kälte
- im Sommer oft trübe Hitze

3

Die Wetterkarte

Wichtige Symbole

- *H h* Hoch (Antizyklone)
- **T t** Tief (Zyklone)
- Warmfront
- Kaltfront
- Okklusion
- Warmluftzufuhr
- Kaltluftzufuhr
- $\frac{5}{4}$ Lufttemperatur in °C / Wassertemperatur in °C
- Isobare (Luftdruckangabe in Millibar)

Bewölkung:

- wolkenlos
- heiter
- halb bedeckt
- wolkig
- fast bedeckt
- bedeckt

Windgeschwindigkeit (in km/h):

—	1–5		32–40
	6–13		41–49
	14–22	⋮	⋮
	23–31		77–85

Windrichtung:

- Nordostwind
- Ostwind
- Südostwind
- Westwind
- ausgedehntes Regengebiet
- ausgedehnter Schneefall
- Sprühregen (Nieseln)
- Regen, starker Regen
- Schneefall
- Regen-, Schneeschauer
- Gewitter
- ∞ Dunst
- = leichter Nebel
- ≡ starker Nebel

ALEXANDER Gesamtausgabe. KLETT-PERTHES, Gotha 2000

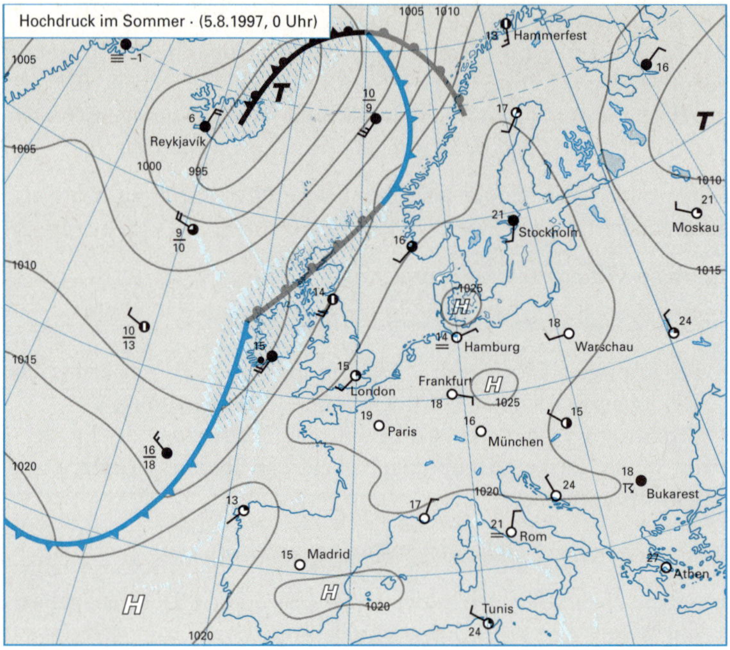

Hitzeperiode

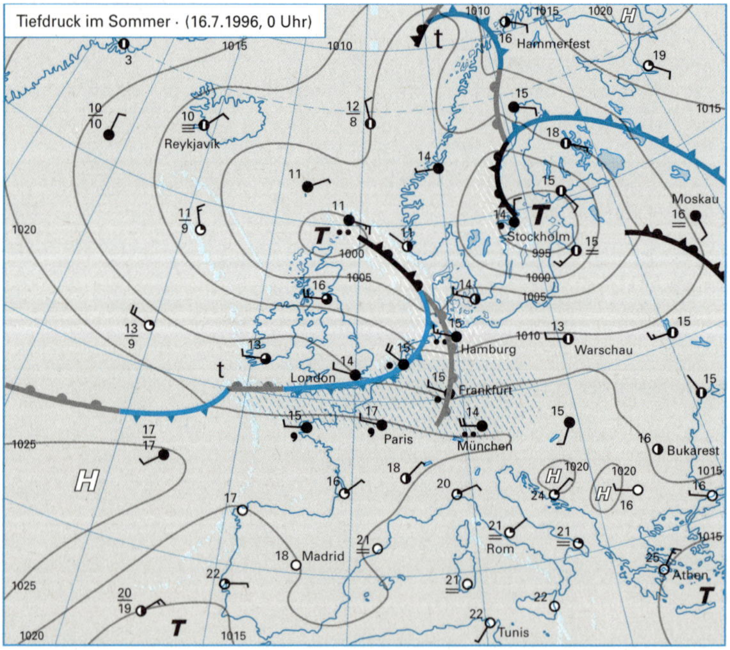

Landregen

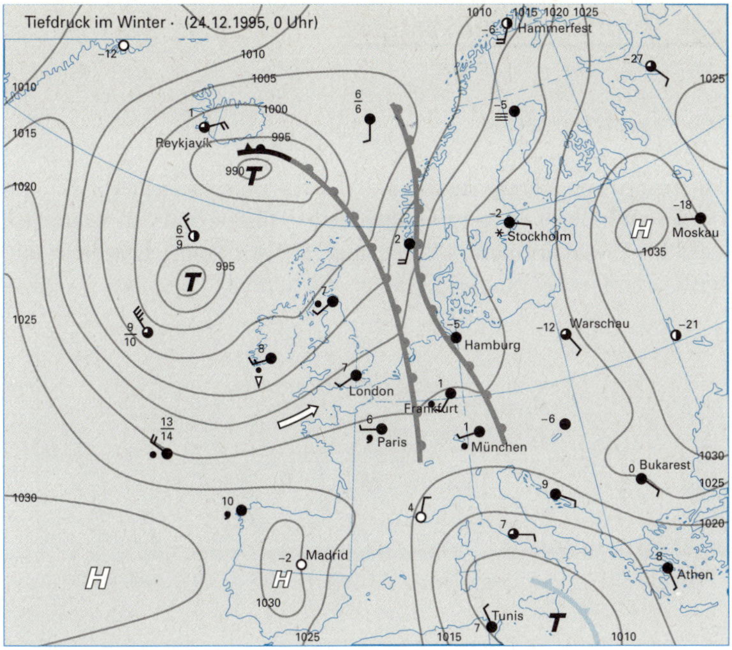

Weihnachtstauwetter

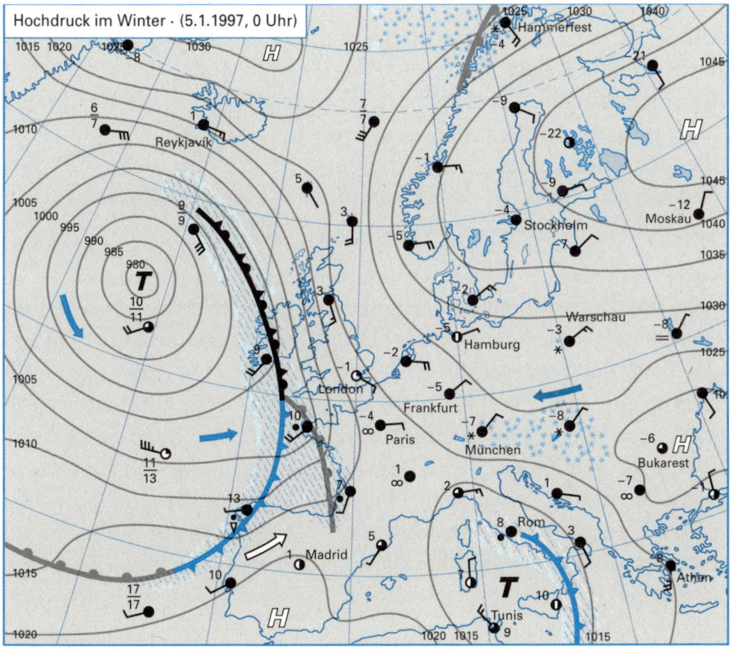

Sibirische Kälte

3.8 Tropische Windsysteme

Passat (italienisch „passata"= Überfahrt mit einem Segelschiff): Bodennaher Teil der Passatzirkulation. Die Passate wehen mit großer Beständigkeit ganzjährig auf den Äquator zu.

Die Passatzirkulation

Die tropischen Windsysteme sind Teil der planetarischen Zirkulation. Die Windzirkulation zwischen dem Äquator und den Subtropen wird als Passatzirkulation bezeichnet. Sie ist thermisch bedingt und wird nach *George Hadley* „Hadley-Zirkulation" genannt.

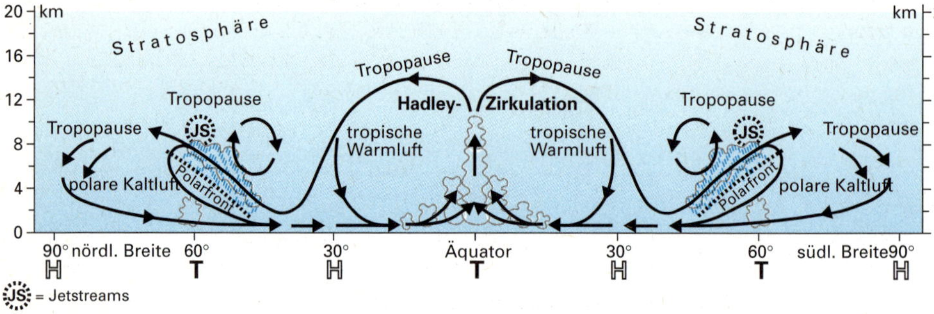

Hadley-Zirkulation
Hans-Ulrich Bender u. a.: Terra 11 für Gymnasien in Baden-Württemberg. Stuttgart 1995, S. 37

Zenitalstand der Sonne: Die Sonne steht vom Betrachter aus gesehen senkrecht über der Erdoberfläche. Dabei ergibt sich eine maximale Erwärmung, weil die Sonnenstrahlen senkrecht auftreffen.

Motor dieser Zirkulation ist die starke Erwärmung der Erdoberfläche in den Tropen im Bereich des Zenitalstandes der Sonne. Mit der jahreszeitlichen Verschiebung des Zenitalstandes – am 21.3. und 23.9. steht die Sonne jeweils senkrecht über dem Äquator, am 21.6. über dem nördlichen Wendekreis und 21.12. über dem südlichen Wendekreis – wandert die Passatzirkulation im Nordsommer Richtung Norden und im Nordwinter Richtung Süden.

Im Bereich des jeweiligen Zenitalstandes der Sonne kommt es zu einer starken Erwärmung der unteren Luftschichten, wobei die Erdoberfläche als Heizplatte wirkt. Die darüber liegende Luft wird angehoben, ein thermisches Bodentief entsteht. Die erwärmte Luft kann in eine Höhe von bis zu 18 km aufsteigen. Sie kondensiert aufgrund der hohen Luftfeuchtigkeit sehr bald, was dann zu heftigen und ergiebigen Regenfällen führt. In der Höhe bildet sich ein thermisches Hoch aus. Aus diesem Höhenhoch strömt die Luft polwärts. Sie wird durch die Corioliskraft nach Nordosten bzw. Südosten auf der Südhalbkugel abgelenkt. Diese Luftströmungen bezeichnet man als Antipassat.

Antipassat: polwärts gerichtete Komponente der Passat-Zirkulation

Dabei sinkt ständig Luft ab und strömt der Zone des Zenitalstandes zu. Diese Winde werden aufgrund der Corioliskraft abgelenkt. Weil die bodennahe Reibung praktisch nicht vorhanden ist, ist die Ablenkung so stark, dass diese Winde aus Osten kommen. Sie werden als Urpassate bezeichnet.

Im Bereich der Wendekreise sinken diese Luftmassen ab, erwärmen sich dabei trockenadiabatisch und verstärken den Druck am Boden. Für die spanischen und portugiesischen Seefahrer war dies die Zone der Rossbreiten. Hier lagen ihre Segelschiffe bei Windstille oft wochenlang fest. Von diesen Gebieten hohen Drucks strömt die Luft, wiederum durch die Corioliskraft abgelenkt, aus Nordosten als Nordostpassat bzw. auf der Südhalbkugel als Südostpassat dem thermischen Bodentief im Bereich des Zenitalstandes zu. Dieser Bereich, auf den die Passate zuströmen, wird Innertropische Konvergenz-Zone (ITC) genannt. Breitenkreisparallel bildet sich so im Bereich des Zenitalstandes eine Reihe von thermischen Tiefdruckgebieten aus, die auch als äquatoriale Tiefdruckrinne bezeichnet werden.

Untersucht man den Bereich der ITC und der Passate vertikal, lassen sich drei verschiedene Strömungen feststellen: Am Boden die eigentlichen Passate, darüber hat sich eine Inversionsschicht ausgebildet, die Passatinversion. Diese Grenzschicht zwischen den wärmeren Luftmassen des Urpassats und den weniger warmen Luftmassen der bodennahen Passate liegt in etwa 2 km Höhe und verhindert das Aufsteigen größerer Luftmassen und damit ergiebiger Niederschläge. Als dritte Schicht findet sich darüber die Schicht der Antipassate. Liegt die Zone des Zenitalstandes nicht genau auf dem Äquator, bildet sich im Bereich des Äquators eine weitere ITC aus. Ursache dafür ist, dass der Passat hier abgebremst wird, er muss seine Richtung ändern, und wird dadurch teilweise zum Aufsteigen gezwungen.

Inversion: Umkehr der normalen Temperaturabnahme mit der Höhe: wärmere Luft befindet sich über kälterer Luft

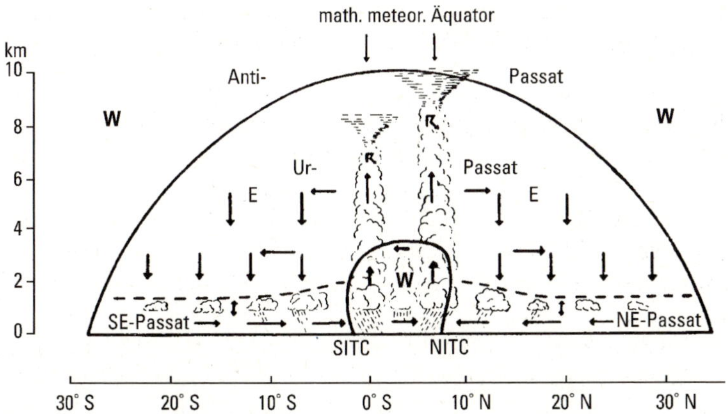

Die Passatströmung
H. Flohn: Zur Didaktik der Allgemeinen Zirkulation der Atmosphäre. In: Geographische Rundschau 1960, H. 5, S. 191. Braunschweig: Westermann

Monsun (von arabisch „Mausim" = Jahreszeit): Windsystem mit halbjährlichem Richtungswechsel in Süd- und Ostasien, verursacht durch die Verschiebung der Passatzirkulation

Der Monsun

Ein Sonderfall der Passatzirkulation ist der Monsun. An seiner Ausbildung ist neben Lage der ITC auch die große Landmasse Asien beteiligt.

In Indien gliedert sich das Monsunjahr in drei Abschnitte, die im folgenden Diagramm deutlich werden:

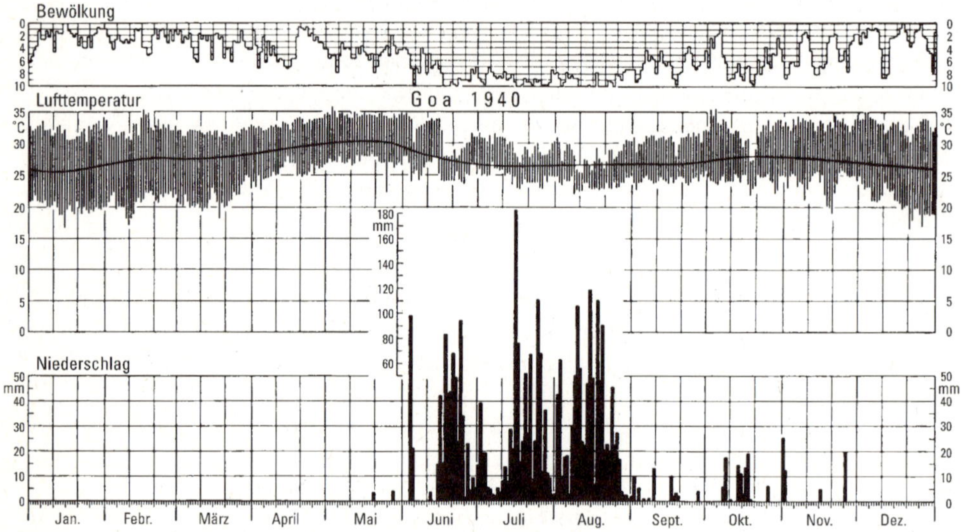

Monsunklima
J. Blüthgen, W. Weischet: Allgemeine Klimatologie. Berlin: de Gruyter 1980, S. 557

- kühle, trockene Jahreszeit von Dezember bis Februar
  - Ursache ist der ablandige Nordost-Passat (ITC auf Südhalbkugel)
- heiße, trockene Jahreszeit von März bis Anfang Juni
  - Ursache ist der höhere Sonnenstand (ITC wandert auf Nordhalbkugel)
  - allmähliche Erwärmung, aber immer noch im Bereich des Nordost-Passats
  - trockene und warme Luft
- heiße, feuchte Jahreszeit ab Mitte Juni
  - Ursache ist der Südwest-Monsun: die ITC liegt im Norden Indiens. Diese Ausbuchtung der ITC so weit nach Norden kommt durch die Erwärmung der großen asiatischen Landmasse zustande. Das hier entstehende Hitzetief unterbricht den subtropisch-randtropischen Hochdruckgürtel und verbindet sich mit der ITC zu einem großen Bereich tiefen Drucks.

- Südost-Passate der südlichen Halbkugel werden am Äquator in südwestliche Winde (Südwest-Monsun) umgelenkt und können sich über dem Indischen Ozean mit Wasser voll saugen;
- über der indischen Landmasse kommt es zu einer starken Erwärmung dieser feuchten Luftmassen;
- Aufsteigen dieser Luftmassen und Kondensation: Monsunregen

Der Südwest- oder Sommermonsun wird in Indien und Indonesien in der Regel von schweren Regenfällen begleitet und ist dadurch das bestimmende Klimaereignis dieser Region. Klimatologen verstehen unter dem Monsun sowohl den sommerlichen Südwestmonsun als abgelenkten Südostpassat als auch die Wintermonsune, die von Oktober bis April aus Nordosten kommen und eigentlich Nordostpassate sind.

Monsune sind klimatologisch nicht nur auf Indien beschränkt, sie treten auch in Hinterindien, dem westpazifischen Raum und Nordaustralien auf.

El-Niño

Zu den Klimaphänomenen, welche die Menschen weltweit beschäftigen, gehört seit Ende des letzten Jahrhunderts das El-Niño-Phänomen.

El-Niño: Klimaphänomen an der südamerikanischen Westküste mit globalen Auswirkungen

El-Niño (spanisch: das Christkindchen) ist ein Ereignis, das etwa alle vier bis neun Jahre an der Westküste Südamerikas auftritt und globale Auswirkungen hat. So werden in Australien infolge der ausbleibenden Winter- und Frühjahrsregenfälle Buschfeuer von katastrophalem Ausmaß erwartet. In Kalifornien können in einem EL-Niño-Jahr Stürme zwei- bis dreimal mehr Regen bringen als gewöhnlich und Hochwasserkatastrophen auslösen. In Südostasien können die ausbleibenden Regenfälle die Waldbrände, die durch Brandrodung verursacht wurden, nicht mehr löschen. Die Luft wird durch Rauch und Ruß so verschlechtert, dass die Menschen Atemmasken tragen müssen und tagsüber das Licht eingeschaltet werden muss.

Wie kommt der El-Niño zustande?

Die Normalbedingungen am Pazifischen Ozean

An der Westküste Südamerikas bildet sich eine tropische Zirkulation aus, die nach ihrem Entdecker „Walker-Zirkulation“ genannt wird.

Walker-Zirkulation: tropische Zirkulation, benannt nach dem Meteorologen Walker

Vor der Küste Perus befindet sich ein relativ stabiles Hochdruckgebiet. In ihm drehen sich die Winde, da sich das Hoch auf der Südhalbkugel befindet, im Uhrzeigersinn. Von diesem Hoch werden kalte Winde aus der Antarktis nach Norden bis an den Rand des Äquators getrieben, wobei sie von der Corioliskraft nach Westen zur ITC in Südostasien abgelenkt werden. Es sind dies die Südostpassate. Generell gilt dabei: je größer der Druckunterschied zwischen dem Hoch und der äquatorialen Tiefdruckrinne, desto stärker die Winde.

Die starken Südost-Passate wirken sich auch auf die Meeresströmungen aus. An der südamerikanischen Westküste wird der sogenannte Humboldtstrom, der kaltes Meereswasser aus der Antarktis mit sich führt, nordwärts getrieben. Entsprechend dem Südostpassat und von der Corioliskraft abgelenkt, triftet er nach Westen und wird durch langsame Erwärmung zum Süd-Äquatorialstrom.

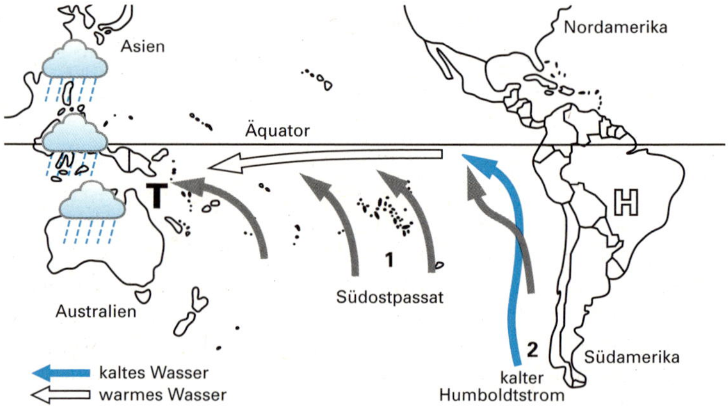

1 Passatwinde treiben warmes Oberflächenwasser nach Westen. (Der Südostpassat entsteht durch den Luftdruckunterschied und die Erdrotation.)
2 Kaltes, nährstoffreiches Wasser steigt auf.

Luftdruck und Meeresströmung – normales Jahr
nach Deutsches Zentrum für Luft- und Raumfahrt e. V. (Hrsg.): Schulinformation Raumfahrt. Erdkunde. Nummer 1/98. Köln 1998, S. 2

Schließlich staut sich das warme Oberflächenwasser des Meeres vor der Küste Südostasiens und lässt den Meeresspiegel um etwa 40–50 cm steigen, bei Wassertemperaturen von 28 bis 30 °C. Große Mengen des Wassers verdunsten und es bildet sich die der ITC entsprechende Bewölkung mit ergiebigen Regenfällen, welche vor allem die großen Regenwälder Südostasiens mit der notwendigen Feuchtigkeit versorgen.

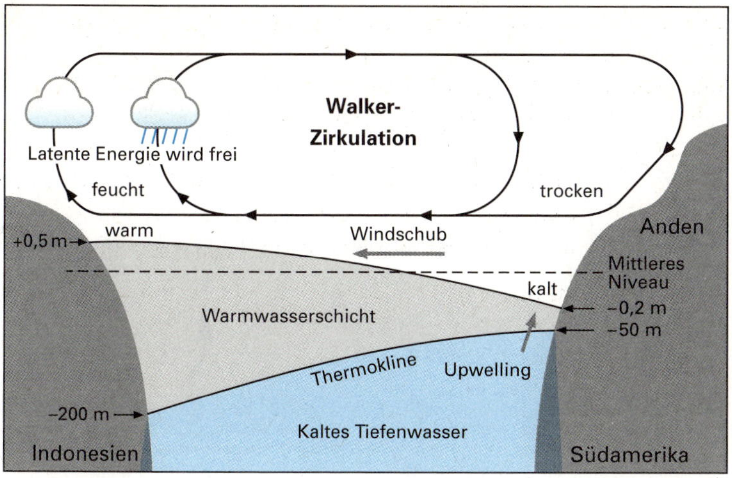

Walker-Zirkulation
nach Deutsches Zentrum für Luft- und Raumfahrt e. V. (Hrsg.): Lehrerinformation Raumfahrt. Erdkunde. Nummer 1/98. Köln 1998, S. 7

Dagegen ist die Luft in Südamerika, insbesondere in Ecuador und Peru, aufgrund des dort herrschenden Hochdruckeinflusses sehr trocken. An der Westküste hat sich im Bereich des südlichen Wendekreises die Wüste Atacama ausgebildet. Warmes Wasser ist vor der Küste nur als eine dünne Oberflächenschicht vorhanden. Darunter liegen nährstoffreiche kalte Wasserschichten, die an die Oberfläche gewirbelt werden. Die Nährstoffe sind wiederum eine hervorragende Grundlage für Algenwachstum und damit für den Fischreichtum in dieser Region.

Das El-Niño-Jahr

Durchschnittlich alle drei bis zehn Jahre ist dieser Vorgang besonders intensiv und ein El-Niño-Jahr droht. In einem El-Niño-Jahr ändert sich die Situation drastisch. Das Hoch vor Südamerika wird im Südsommer durch eine weit nach Süden reichende Verlagerung der ITC über dem südamerikanischen Kontinent abgeschwächt. Dadurch sind auch die Winde, die mit dem Hochdruckgebiet zusammenhängen, abgeschwächt. Die Folge ist, dass die Passatwinde abflauen und schließlich in Äquatornähe sogar in die andere Richtung wehen: von West nach Ost. Da normalerweise diese Winde das Oberflächenwasser des Meeres fortbewegen, hat dies auch Auswirkungen auf den Süd-Äquatorialstrom, der ebenfalls schwächer wird.

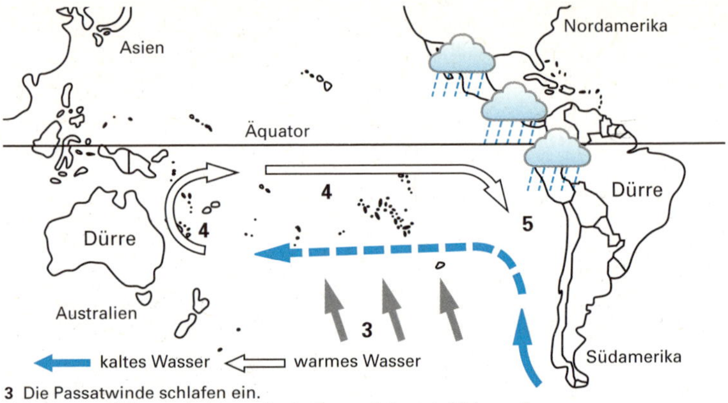

3 Die Passatwinde schlafen ein.
4 Das warme Wasser dreht vor Australien zurück nach Südamerika.
5 Warmes, nährstoffreiches Wasser verdrängt das kühle Wasser. Die Folgen: schwere Regenfälle in Südamerika, Stürme in Nordamerika, Dürre und Missernten in Südafrika, Brasilien, Australien und Südostasien.

Luftdruck und Meeresströmung – El Niño-Jahr
nach Deutsches Zentrum für Luft- und Raumfahrt e. V. (Hrsg.): Schulinformation Raumfahrt. Erdkunde. Nummer 1/98. Köln 1998, S. 2

Die durch den Südost-Passat zuvor schief gestellte Meeresoberfläche führt nun zu einem von West nach Ost gerichteten Meerwasserstrom, welcher das warme Oberflächenwasser von der Küste Südostasiens nach Osten an die Westküste Südamerikas führt.

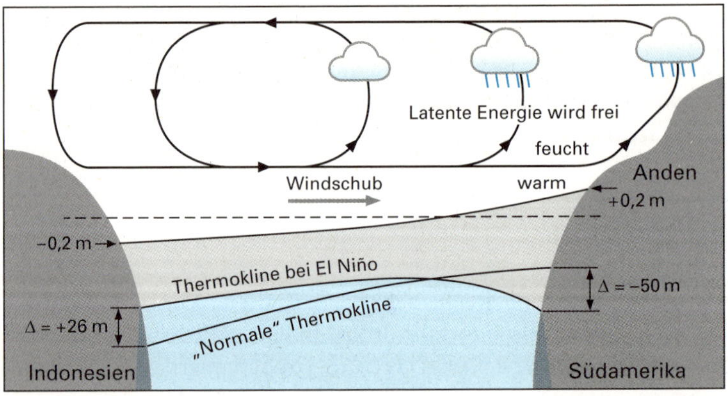

El-Nino-Entwicklung mit Umkehrung der Walker-Zirkulation und abgesenkter Thermokline im Ostpazifik
nach Deutsches Zentrum für Luft- und Raumfahrt e. V. (Hrsg.): Lehrerinformation Raumfahrt. Erdkunde. Nummer 1/98. Köln 1998, S. 7

Die nunmehr wesentlich dickere Schicht warmen Oberflächenwassers strömt über das kalte Auftriebswasser mit weit reichenden Konsequenzen:

Der Sauerstoff- und Nährstoffgehalt des Wassers ist geringer als in Normaljahren. Dadurch nimmt der Anteil der Mikroorganismen und des Planktons im Wasser stark ab und in der Folge ist die Nahrungskette der Fische empfindlich gestört: Die Fische ziehen, sofern sie nicht sterben, in kältere Meeresregionen ab.

Das warme Oberflächenwasser liegt vor der Küste Südamerikas. Folglich steigt die warme Luft nun nicht mehr vor Indonesien und Australien auf, sondern über dem Warmwassergebiet an der südamerikanischen Westküste und damit verschiebt sich auch das Tief. Diese über dem Warmwasserpolster aufsteigende warme und feuchte Luft lässt einen eigenen umgekehrten Luftkreislauf entstehen. Auf diese Weise wird das Warmwasserpolster über den gesamten Pazifischen Ozean nach Osten getrieben, bis es nach etwa drei Monaten zur Weihnachtszeit die südamerikanische Küste erreicht. Dort kommt es zu den ungewöhnlich hohen Niederschlägen – so kann sich die Niederschlagsmenge verzehnfachen – und dem starken Ansteigen der Wassertemperatur. In Südostasien fehlt dagegen der dem Klima angemessene Niederschlag.

An der Westküste Südamerikas kommt es in den normalerweise trockenen Wüstengebieten zu ergiebigen Niederschlägen: die Wüste blüht auf. Für die Fischer ist der wirtschaftliche Schaden immens, da weniger Fische heranwachsen und zusätzlich noch in Regionen mit kälterem und damit nährstoffreicherem Wasser ausweichen.

Die Auswirkungen des El-Niño beschränken sich nicht nur auf Südostasien und Südamerikas Westküste. Die Folgen sind ebenso an der Ostküste Südafrikas mit großen Dürren oder an der Westküste Nordamerikas mit katastrophalen Stürmen zu beobachten.

3.9 Klima und Klimaklassifikation

Unser Wetter ändert sich täglich, so dass es schwerfällt, verlässliche Aussagen darüber zu machen, ob dieses Wetter der Jahreszeit angepasst ist oder nicht. Mit Hilfe von Klimaklassifikationen können die Merkmale eines Klimas, also des durchschnittlichen Wetterablaufes innerhalb eines Jahre, dargestellt werden. Damit kann das aktuelle Wetter verglichen und bewertet werden. Dies ist nicht nur lokal von großem Interesse, sondern auch global, um beispielsweise festzustellen, welche Änderungen durch den Treibhauseffekt zu erwarten sind.

Die unterschiedlichen Klimatypen der Erde können nach verschiedenen Gesichtspunkten klassifiziert werden:

Genetische Klimaklassifikation

genetische Klimaklassifikation: klassifiziert das Klima nach seiner Entstehung (Genese)

Bei der genetischen Klimaklassifikation werden Gebiete zusammengefasst, die gleichen Einflussbereichen der atmosphärischen Zirkulation unterliegen. Ein Beispiel für eine genetische Klimaklassifikation ist der Vorschlag von *Wolfgang Weischet*. Er geht davon aus, dass sich auf der Erde aufgrund der solaren Einstrahlung vier Zonen unterscheiden lassen: Tropen, niedere Mittelbreiten (Subtropen), hohe Mittelbreiten und Polarzone. Diese Beleuchtungszonen werden weiter unterteilt. Kriterien sind dabei die jeweils vorherrschenden Druck- und Windsysteme in diesen Zonen.

Stark vereinfacht sind dies die folgenden Windsysteme und Druckgürtel:

Windgürtel	Druckgürtel
	Polares Kältehoch
Polare Ostwinde	
	Subpolares Tief
Westwinde der gemäßigten Breiten	
	Subtropisches Hoch
Passate / Monsune	
	Innertropisches Tief

Dabei unterscheidet man Bereiche, in denen es zu einem jahreszeitlichen Wechsel dieser Systeme kommt und Zonen, die ganzjährig beständig sind. Damit können beständige und halbjährig wechselnde Klimate unterschieden werden.

Weischet unterscheidet folgende Klimazonen:

Zone	Vorherrschendes Druck- bzw. Windsystem	
	Sommer	Winter
	ganzjährig	
Tropen		
Immerfeuchte innere Tropen	Tropische Konvektion mit ITC, tropische Westwinde	
Sommerfeuchte Tropen	ITC mit Zentialregen	Trockenzeit, Passate
Subtropisch-randtropische Trockengebiete	Randtropisches Hoch, Passate	
Niedere Mittelbreiten (Subtropen)		
Winterregen – Subtropen (Westseite der Kontinente)	Subtropisch, randtropisches Hoch	Westwindklima mit den dynamischen Druckgebilden der planetarischen Frontalzone
Sommerregen – Subtropen (Ostseite der Kontinente)	Südost-„Monsun“ mit feuchter und warmer Luft	Westwindklima mit den dynamischen Druckgebilden der planetarischen Frontalzone
Kontinentale Subtropen	z. T. Einfluss des kontinentalen Hitzetiefs	z. T. Ausläufer der planetarischen Frontalzone
Hohe Mittelbreiten		
Zyklonale Westwind-Klimate	Ganzjährig typischer Wechsel von Zyklonen und Antizyklonen der planetarischen Frontalzone	
Kontinentalklima	z. T. Zyklonen der planetarischen Frontalzone, kontinentales Hitzetief	Kontinentales Kältehoch
Außertropisches Ostseitenklima	Planetarische Frontalzone mit Zyklonen, Niederschlagsmaximum im Sommer	
Polarregionen	z. T. Zyklonen der planetarischen Frontalzone	Kältehoch und polare Ostwinde

Genetische Klimazonen
verändert nach W. Weischet: Einführung in die Allgemeine Klimatologie. Stuttgart 1979

Effektive Klimaklassifikationen

Bei diesen Klassifikationen werden auf der Basis möglichst zweckmäßiger Schwellenwerte von Temperatur, Niederschlag und potenzieller Verdunstung Klimazonen ermittelt.

Klimaklassifikation nach *Köppen* und *Geiger*

Das bekannteste Beispiel stammt von *Köppen* und *Geiger* (1928). Sie ergänzten dabei die Klimadaten von verschiedenen Wetterstationen mit vegetationsgeographischen Ergebnissen. Die Klassifikation unterteilt vier große Zonen A, C, D und E, die durch Temperaturwerte getrennt sind und die Zone B, die sich von den anderen durch die fehlende Feuchtigkeit unterscheidet und die Trockengebiete abbildet. Die A-Klimate werden dadurch abgegrenzt, dass der kälteste Monat >18 °C hat. Bei den warmgemäßigten C-Klimaten liegt der kälteste Monat zwischen +18 °C und -3 °C. Die Schneeklimate D weisen als Grenzen den wärmsten Monat mit über 10 °C und den kältesten Monat unter -3 °C auf. Bei den Eisklimaten liegt der wärmste Monat unter 10 °C.

Eine weiter Untergliederung dieser Großklimate mit zwei angehängten Kleinbuchstaben wird durch eine hygrische (zweiter Buchstabe) und weitere thermische Differenzierung (dritter Buchstabe) erreicht.

Klimaklassifikation nach *Troll* und *Paffen*

Eine weitere Klassifikation legten 1963 *Troll* und *Paffen* in der Karte der Jahreszeitenklimate vor. Die Erde wird dabei in vier große Klimazonen durch geeignete Temperaturwerte getrennt:

Kalte Zone

1. Polare Klimate
2. Tundrenklimate
3. Kontinentale Nadelwaldklimate

Gemäßigte Zone

4. Klimate der sommergrünen Laub- und Mischwälder
5. Winterkalte Steppenklimate
6. Winterkalte Halbwüsten- und Wüstenklimate

Subtropen

7. Winterregenklimate (Westseitenklima)
8. Sommerregenklimate (Ostseitenklima)
9. Steppenklimate
10. Halbwüsten- und Wüstenklimate

Tropen

11. Halbwüsten – und Wüstenklimate
12. Klimate der Dornsavannen
13. Klimate der Trockensavannen
14. Klimate der Feuchtsavannen
15. Tropische Regenwaldklimate

Diese Klimaklassifikation bildet das Gliederungsprinzip der Geozonen.

Erst bei der Differenzierung dieser Zonen verwenden *Troll* und *Paffen* auch hygrische Grenzwerte. Zur Abgrenzung verschiedener Klimatypen orientierten sich *Troll* und *Paffen* an der vorherrschenden Vegetation. Die Grenzen der Vegetation werden mit den oben genannten Schwellenwerten von Temperatur und Niederschlag, insbesondere mit Dauer von ariden und humiden Jahreszeiten, erfasst.

3.10 Abi-Übung: Klimatologie

1. Die breitenkreisparallele Anordnung der Klimazonen wird oft gestört. Die folgende Tabelle führt Orte auf, die ungefähr auf 60° nördlicher Breite liegen:

Station	Durchschnitts-temperatur Januar	Durchschnitts-temperatur Juli	Jahresniederschlag	Höhe der Station
Juneau / Alaska	-4 °C	13 °C	1387 mm	5 m
Fort Nelson / Kanada	-22 °C	17 °C	435 mm	114 m
Churchill / Kanada	-27 °C	12 °C	407 mm	11 m
Bergen / Norwegen	2 °C	15 °C	1958 mm	45 m
Stockholm / Schweden	-3 °C	18 °C	555 mm	44 m
Kirensk / Sibirien	-27 °C	19 °C	381 mm	256 m
Ochotsk / Sibirien	-25 °C	12 °C	378 mm	6 m

Erläutern Sie die Unterschiede.

2. Nordamerika ist klimatisch sehr vielseitig. Beispiele hierfür sind San Francisco, St. Louis und Miami.

		Jan	Feb	Mrz	Apr	Mai	Jun	Jul	Aug	Sep	Okt	Nov	Dez	Jahr
Station 1	°C	20	20	22	23	25	27	28	28	27	26	23	21	24
2 m	mm	64	48	58	86	180	188	135	163	226	229	84	43	1504
Station 2	°C	-1	1	6	13	19	24	26	25	21	14	7	1	13
96 m	mm	94	86	93	95	92	98	77	76	74	69	94	84	1032
Station 3	°C	10	12	12	13	14	15	15	15	16	16	14	11	13
62 m	mm	112	102	76	28	15	5	<3	<3	10	23	53	91	513

Ordnen Sie die genannten Orte den Stationen 1 bis 3 zu und gliedern Sie diese Stationen in das planetarische Windsystem ein, indem Sie die im Winter und Sommer vorherrschenden Winde benennen.

Boden

4

Die Bedeutung des Bodens wird oft unterschätzt, obwohl er ein wichtiger Produktionsfaktor ist. So sind die in Mitteleuropa vorkommenden Böden durchschnittlich mehr als 300 Jahre alt und das Ergebnis eines komplexen Prozesses. Zerstörter Boden kann also ohne weiteres nicht schnell wieder hergestellt werden.

Boden wird nach der Bodenschutzkonzeption der Bundesrepublik Deutschland aus dem Jahre 1985 so definiert:

„Boden ist das mit Wasser, Luft und Lebewesen durchsetzte, an der Erdoberfläche entstandene Umwandlungsprodukt mineralischer und organischer Substanzen, das in der Lage ist, höheren Pflanzen als Standort zu dienen. Mit Atmosphäre, Hydrosphäre, Biosphäre und Lithosphäre bildet der Boden ein System, das durch den Menschen beeinflusst wird und sein Tun beeinflusst. Der Boden ist Lebensgrundlage und Lebensraum für Menschen, Tiere und Pflanzen, Teil der Ökosysteme mit ihren Stoffkreisläufen, besonders im Hinblick auf Wasser- und Nährstoffhaushalt, prägendes Element der Natur und Landschaft."

Bundesregierung (Hrsg.): Bodenschutzkonzeption der Bundesregierung, BT-Drs. 10/2977, vom 7.3.1985. Bonn

Damit bildet die hauchdünne, oft nur wenige Dezimeter mächtige Schicht der heutigen Böden eine Momentaufnahme eines langen Prozesses, der von vielen Faktoren beeinflusst wird. Der durch die Verwitterung entstandene Boden muss als System aufgefasst und beschrieben werden.

4.1 Entstehung eines Bodens

Ausgangsgestein, Klima und Vegetation sind die eigentlichen Boden bildenden Faktoren, wie die Abbildung auf der folgenden Seite zeigt.

Die Bodenbildung selbst geschieht in den zwei Schritten Mineralisierung und Humusbildung.

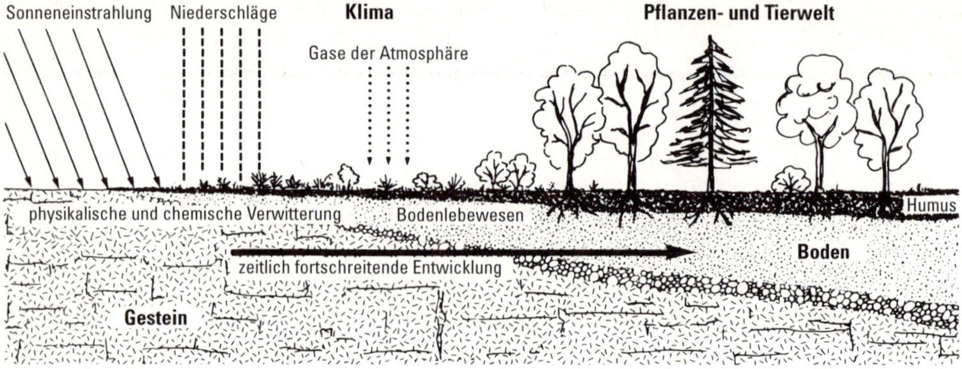

Schema der für die Bodenbildung wichtigen Faktoren
Hans-Ulrich Bender: Fundamente. Stuttgart 1995, S.40

Mineralisierung

Das Ausgangsgestein wird durch physikalische und chemische Verwitterung in seine Mineralien zerlegt. Bei der physikalischen Verwitterung werden durch Frost- und Hitzesprengung sowie durch Salzsprengung Gesteinsbruchstücke gebildet, die der weiteren Verwitterung, insbesondere der chemischen, eine große Angriffsfläche zur Verfügung stellen. Durch Lösung oder durch den Einfluss von Säure werden zum Beispiel aus Granit die Primärminerale Glimmer, Feldspat und Quarz freigesetzt. In weiteren chemischen Prozessen werden unter der Freisetzung von Kationen, die als Pflanzennährstoffe dienen, daraus Tonminerale gebildet oder umgebildet, die kleiner als 0,002 mm im Durchmesser sind. Diese Tonmineralien bestehen aus mehreren Molekülschichten, sie sind Schichtsilikate. Aus den primären Tonmineralien wie Feldspat und Glimmer entstehen im feuchtgemäßigten Klima Mitteleuropas sekundäre Dreischicht-Tonminerale (z. B. Montmorillonite) und in den feuchtheißen Tropen Zweischicht-Tonminerale (z. B. Kaolinite).

Humusbildung

Humus: Sammelbegriff für die organischen Bestandteile eines Bodens

Die organische Substanz wird durch den Einfluss der verschiedenen Bodenlebewesen zunächst ebenfalls physikalisch abgebaut. Aus Pflanzen- und Tierbestandteilen wird so durch Zerbeißen oder Zerbrechen der Rohhumus oder Mull. Kleinlebewesen wie Regenwürmer und größere Insekten, Kleinstlebewesen wie Springschwänze (0,2 bis 4 mm groß), Milben (0,5 – 0,8 mm) und Mikroorganismen wie Bakterien, Algen und Pilze zersetzen das mechanisch zerkleinerte Material chemisch. Produkte dieses Prozesses sind unter anderem Mineralstoffe, verschiedene Kohlenhydrate, Eiweiße und andere Stoffverbindungen. Je nach weiterem Umwandlungsgrad werden daraus bei teilweisem Abbau Huminstoffe oder bei vollständigem Abbau anorganische Endprodukte.

Huminstoffe: durch chemische und biochemische Reaktionen entstandene stabile hoch molekulare organische Verbindungen meist dunkler Farbe

Die Huminstoffe entscheiden zusammen mit den Tonmineralien über die Bodenfruchtbarkeit. Entscheidend dafür ist ihre Fähigkeit, Kationen anzulagern und wieder freizugeben. Man nennt dieses Vermögen Kationenaustauschkapazität. Diese ist abhängig vom Aufbau der Tonmineralien. An den negativ geladenen Oberflächen der Tonminerale können im Austausch gegen H^+-Ionen Kationen angelagert werden. So haben die Zweischicht-Tonmineralien wie Kaolinit, das häufig in den feuchten Tropen vorkommt, mit 3–5 mval/100 g eine wesentlich geringere Kationenaustauschkapazität als die Montmorillonite mit 90 – 150 mval/100 g oder die Vermiculite mit 100 – 150 mval/100 g, die beide auch in den Außertropen vorkommen. Diese unterschiedliche Austauschkapazität ist Grund dafür, dass die Fruchtbarkeit der meisten tropischen Böden wesentlich schlechter ist als die der Außertropen. Lagern sich die Huminstoffe von außen an die Tonmineralien an, bildet sich der Ton-Humus-Komplex mit einer hohen Kationenaustauschkapazität.

Kationenaustauschkapazität: Sie ist die Fähigkeit eines Bodens zum Kationenaustausch, die in Milliäquivalent (mval) je 100 Gramm trockener Masse des Bodens angegeben wird.

Ton-Humus-Komplex: Verbindung von Tonmineralen und Huminstoffen

4.2 Eigenschaften von Böden

Das System Boden lässt sich nach Wasserdurchlässigkeit und Wasserhaltevermögen, Durchlüftung und Fruchtbarkeit beschreiben.

Bodenwasser

Bodenwasser muss unterschieden werden nach dem Sickerwasser, welches den Boden aufgrund der Schwerkraft durchfließt, dem Haftwasser, welches in den Kapillaren festgehalten wird oder von Bodenteilchen adsorbiert wird und dem Grundwasser, welches als durchgehender Wasserhorizont über einer Wasser undurchlässigen Schicht steht. Das Bodenwasser selbst ist für das Pflanzenwachstum ein zweifach lebenswichtiger Faktor. Pflanzen nehmen mit dem Bodenwasser nicht nur das lebensnotwendige Wasser auf, das sie für die Fotosynthese oder den Innendruck in den Zellen benötigen, das Bodenwasser transportiert gleichzeitig auch die lebensnotwendigen Mineral-

Bodenwasser: das im Boden befindliche Wasser

stoffe als Ionen in die Pflanze. Im Boden selbst sorgt das Bodenwasser für die Verteilung von Bodenteilchen. In humiden Zonen herrscht dabei ein nach unten gerichteter Bodenwasserstrom vor, in ariden Gebieten ist er nach oben gerichtet.

Bodenluft

Bodenluft: die im Boden befindliche Luft

Die Höhe des Grundwassers, der Grundwasserspiegel, entscheidet darüber, ob ein Bodenhorizont noch Bodenluft enthält oder nicht. Im ersten Fall wirkt der in der Bodenluft enthaltende Sauerstoff oxidierend auf die chemischen Prozesse, im zweiten Fall finden man unter dem Einfluss des Wassers ein reduzierendes Milieu vor. Ist ein Boden gut durchlüftet, erwärmt er sich wesentlich schneller als ein wenig durchlüfteter Boden. Böden können dabei je nach ihrer Zusammensetzung unterschiedliche Volumen an Bodenluft enthalten. So beträgt das Porenvolumen in Prozent des Bodenvolumens beim Sandboden etwa 35–50 Prozent und in einem Lehmboden durchschnittlich 40–60 Prozent. Tonige Böden haben zwar ein größeres Porenvolumen als sandige, aber die Zwischenräume sind in der Regel mit Wasser gefüllt.

Lehmboden: Bodenart mit einer Mischung aus Ton, Schluff und Sand (siehe Tabelle S. 88)

Der Sauerstoff der Bodenluft ist wichtig für alle Lebewesen im Boden, die Sauerstoff für ihre Energiegewinnung benötigen. Fehlt er, können diese Organismen nicht weiter existieren.

Bodenfruchtbarkeit

Die Fruchtbarkeit eines Bodens ist abhängig von der Menge der verfügbaren Nährstoffe, die über eine günstige Bodenstruktur und ausreichend Wasser für die Pflanzen verfügbar sein müssen. Pflanzen benötigen unterschiedliche Nährstoffe für ihren Stoffwechsel und zum Wachstum.

Wichtige Nährstoffe sind: Kalium (K), Calcium (Ca), Magnesium (Mg), Natrium (Na), Eisen (Fe), Phosphor (P), Schwefel (S) und Stickstoff (N). In Spuren werden auch Molybdän (Mo), Chlor (Cl), Zink (Zn), Kupfer (Cu) und Mangan (Mn) benötigt.

Die Bodenfruchtbarkeit wird bestimmt von der Menge der verfügbaren Nährstoffkationen, der Kapazität der Kationenaustauscher und letztendlich dem Anteil an H^+-Ionen im Boden.

Zur Versorgung der Pflanze mit Nährstoffen werden diese als Ionen durch Verwitterung aus den Bodenmineralien und organischer Substanz im Boden freigesetzt. Eine entscheidende Rolle spielen dabei H^+-Ionen der Pflanzensäuren, welche die in Mineralien eingelagerten Nährstoffkationen im Austausch ersetzen und dadurch frei verfügbar machen.

Im humiden Klima wird ein Teil von ihnen durch das Bodenwasser in für Pflanzenwurzeln unerreichbare Tiefen ausgespült. Der meist nach oben gerichtete Bodenwasserstrom transportiert im ariden Klima die Nährstoffionen an die Bodenoberfläche, wo sie sich als Salzkrusten konzentrieren können. In beiden Fällen sind sie für Pflanzen nicht verfügbar.

Der für Pflanzen wichtige Anteil an Nährstoffen ist im verfügbaren Wasser gelöst oder an Kationenaustauscher angelagert. An der Wurzel werden die Kationen gegen H^+-Ionen ausgetauscht: die Nährstoffionen gelangen so in die Pflanze, im Boden reichern sich H^+- Ionen an. Diese treten an den Kationenaustauschern in Konkurrenz mit den dort angelagerten Nährstoffkationen und verdrängen sie. Damit sind die Nährstoffkationen im Bodenwasser frei verfügbar und können von den Pflanzen aufgenommen werden. Wird allerdings die Konzentration an H^+-Ionen im Boden zu hoch, was einem niedrigen pH-Wert entspricht, ist es für die Pflanzenwurzel sehr schwierig, an ihrer Wurzel ein Nährstoffkation gegen eines ihrer H^+-Ionen zu tauschen. Obwohl viele Nährstoffkationen verfügbar sein können, kann die Pflanze sie in einem sauren Boden nicht aufnehmen und „verhungert" letztendlich.

Nach der Bodenversauerungshypothese ist die Versauerung der Böden ein Faktor für das gravierende Waldsterben, das seit den 70er-Jahren des 20. Jahrhunderts in weiten Teilen Mitteleuropas auftritt. Verstärkter Säureeintrag setzt mehr Nährstoffkationen frei, welche die Pflanzen aufgrund des niedrigen pH-Wertes nicht mehr aufnehmen können und die ausgeschwemmt werden. Gleichzeitig werden verstärkt Aluminiumionen freigesetzt, welche die Feinwurzeln vergiften.

4.3 Die Klassifizierung von Böden

Bodenart: klassifiziert einen Boden nur nach der Korngröße

Bodentyp: beschreibt Böden mit ähnlichen Merkmalen und gleichem Entwicklungsstand

Die Bodenarten klassifizieren Böden nach der Korngröße, die Bodentypen stellen einen Boden in seinem Entwicklungsstand in einer bestimmten Umgebung dar.

Bodenarten

Darunter versteht man das durch eine bestimmte Korngröße und seine mineralische Zusammensetzung gekennzeichnete Bodenmaterial.

Die Korngrößen werden folgendermaßen bestimmt:

Korngröße	Ton	Schluff	Sand	Kies	Schotter	Blockwerk
mm	< 0,002	< 0,063	< 2	< 20	< 200	> 200

Zur Bestimmung der Bodenart werden jeweils die Korngrößen des Feinbodens (< 2 mm) herangezogen.

Folgende Bodenarten kommen häufig in Mitteleuropa vor:

Bodenart / **Korngrößenanteil in %**	Ton	Schluff	Sand
Schluffiger Sandboden	0 – 8	10 – 15	45 – 90
Sandiger Schluffboden	0 – 8	50 – 80	12 – 50
Sandiger Lehmboden	17 – 25	15 – 18	47 – 68
Toniger Lehmboden	25 – 35	35 – 50	15 – 50
Lehmiger Tonboden	45 – 65	18 – 55	0 – 37

Bodenarten in Mitteleuropa
Arno Semmel: Grundzüge der Bodengeographie. Stuttgart 1977, S.30/31

Bilden Korngrößen von mehr als 2 mm Durchmesser mehr als 75 % der Bodenmasse, so wird dieser Boden als Skelettboden bezeichnet. Beispiele dafür sind die Wüstenböden Hamada oder Erg.

Zwischen den Korngrößenanteilen und den Eigenschaften eines Bodens ergeben sich folgende Zusammenhänge:

Eigenschaft / **Korngröße**	Kies	Sand	Schluff	Ton
Wasserdurchlässigkeit Durchlüftung Durchwurzelbarkeit Bearbeitbarkeit	Abnahme der Bodeneigenschaften →			
Porenvolumen Wassergehalt und Wasserhaltevermögen Nährstoffgehalt Kationenaustauschkapazität	Zunahme der Bodeneigenschaften →			

Die genannten Eigenschaften sind für die Bodenbearbeitung in der Landwirtschaft bedeutsam. Deshalb bildet die Bestimmung der Bodenart die Grundlage der Bodenschätzung nach dem Bodenschätzungsgesetz von 1934. Daneben wird die Entstehungsart herangezogen. Böden können als

- Ablagerung von Schwemmland (Alluvialböden) oder der Eiszeit und des Tertiärs entstehen (Diluvialböden);
- Löss bildet die Grundlage für Lössböden, während
- Verwitterungsböden durch Verwitterung des anstehenden Gesteins im Untergrund entstanden sind und
- Moorböden pflanzliche Substanz als Ausgangsmaterial haben.

Alluvium: jüngste Abteilung des Quartärs, begann vor 10 000 Jahren

Diluvium: ältere Abteilung des Quartärs, geprägt von vier Eiszeiten

Löss: durch Wind abgelagertes Sediment

Zustandsstufen: kennzeichnen zusammenfassend die durch Klima, früheren Pflanzenbestand, Geländegestaltung, Wasserhaushalt und derzeitige Nutzung hervorgerufenen unterschiedlichen Bodeneigenschaften

Aus den Faktoren Bodenart, Zustandsstufe und Entstehungsart wird die Bodenklasse eines landwirtschaftlichen Boden bestimmt. Dabei sind folgende Abkürzungen gebräuchlich:

Bodenart		Bodenbewertung	Ausgangsgestein	
S	Sand	Zustandsstufen des Bodens von 1 (Maximum) bis 7 (Minimum)	AL	Alluvialer Sand oder Lehm
L	Lehm		D	Diluvium
SL	Sandiger Lehm		Lö	Löss
LS	Lehmiger Sand		V	Verwitterungsboden
			G	Gestein, steinig

So bedeutet das Bodenklassezeichen „SL 4 AL“, dass es sich hier um einen sandigen Lehmboden mit der Zustandsstufe 4 handelt, der auf alluvialem Lehm und Sand entstanden ist. Ergänzt wird dieses System durch die Bodenzahl zwischen 1 (Minimum) und 100 (Maximum), die aus den Ertragsrechnungen von ausgewählten Spitzenbetrieben ermittelt wird. Eine Bodenzahl von 100 bedeutet, dass hier die höchste Ertragsfähigkeit eines Bodens unter den normierten Bedingungen von 600 mm Jahresniederschlag, 8 °C Jahresdurchschnittstemperatur und ebenem Gelände erzielt werden kann. Für die einzelnen Landkreise in Deutschland ist die durchschnittliche Bodenzahl ermittelt.

Bodentypen

Mit der Klassifizierung nach Bodentypen kann der augenblickliche Zustand eines Bodens im Prozess der Bodenbildung beschrieben werden. Während dieses Prozesses bildet sich im Boden eine jeweils typische horizontale Schichtung aus. Alle aufeinander folgenden horizontalen Schichten eines Bodens bilden das Bodenprofil.

Bodenprofil: senkrechter Schnitt durch einen Boden von der Oberfläche bis zum Ausgangsgestein

Das Bodenprofil selbst wird mit Buchstaben gegliedert. Großbuchstaben bezeichnen dabei die Bodenhorizonte.

Die wichtigsten sind in folgender Tabelle verzeichnet:

Organische Horizonte	
L	Streu (engl. Litter), weitgehend unzersetztes Ausgangsmaterial organischer Herkunft
O	Organischer Horizont auf Mineralboden

Oberboden oder A-Horizont, oberster Horizont eines Bodens, reich an organischer Substanz

Unterboden oder B-Horizont, unter dem Oberboden gelegener Horizont

Mineralische Horizonte	
A	Oberster mineralischer, mit organischer Substanz vermischter Horizont: „Oberboden“
E	Elluvialhorizont (ausgewaschener Horizont) unter O- oder A-Horizont, an organischer Substanz, Ton oder Eisen- und Aluminiumverbindungen verarmter Horizont
B	Mineralischer Horizont unter A- bzw. E-Horizont, mit Ton oder Eisen- und Aluminiumverbindungen oder durch Humusverlagerung mit organischer Substanz angereichert: „Unterboden“
C	Ausgangsgestein, aus dem der Boden entstanden ist: „Untergrund“
G	Durch Grundwasser beeinflusster Boden
S	Durch Stauwasser beeinflusster Boden
T	Mineralischer Unterbodenhorizont aus dem Lösungsrückstand von Carbonatgesteinen

Normalerweise gliedert sich dabei ein Bodenprofil in die drei Horizonte A, B und C. Der A-Horizont bildet die oberste Schicht, gefolgt vom B- und C-Horizont. Die Mächtigkeit der einzelnen Horizonte ist dabei sehr unterschiedlich, sie kann von wenigen Zentimetern im A-Horizont bis zu mehreren Metern schwanken. Zur Verdeutlichung der Prozesse, die in und zwischen den einzelnen Bodenhorizonten stattfinden, werden die Großbuchstaben der Horizonte durch Kleinbuchstaben ergänzt:

al	Anreicherung von Aluminium-Verbindungen durch Verlagerung
fe	Anreicherung von Eisenverbindungen durch Verlagerung
h	Humifizierte, gut zersetzte organische Substanz; auch Humusanreicherung durch Verlagerung
o	Oxidierter Teil des G-Horizontes
r	Reduzierter Teil des G-Horizontes
t	Anreicherung von Ton durch Verlagerung
v	Anreicherung von Ton durch Tonmineralneubildung; Verbraunung durch Eisen-Freisetzung
l	Tonmineralauswaschung (Lessivierung)

Diese Systematik wird in Deutschland momentan verwendet. International gebräuchlich sind Klassifizierungen nach amerikanischen Standards oder denen der FAO (Welternährungs-Organisation).

In den einzelnen Klimazonen bilden sich in Abhängigkeit der jeweils vorherrschenden Verwitterung unterschiedliche Bodentypen aus.

Die folgende Abbildung gibt einen guten Überblick über die Boden bildenden Prozesse in den einzelnen Klimazonen.

Dabei wird deutlich, dass in denjenigen Klimazonen, in denen aufgrund der vorherrschenden Temperatur und des Niederschlags die chemische Verwitterung die physikalische Verwitterung überwiegt, also in der Zone der gemäßigten Breiten und der feuchten Tropen, die Bodenbildung wesentlich stärker ist und zu tiefgründigeren Böden führt.

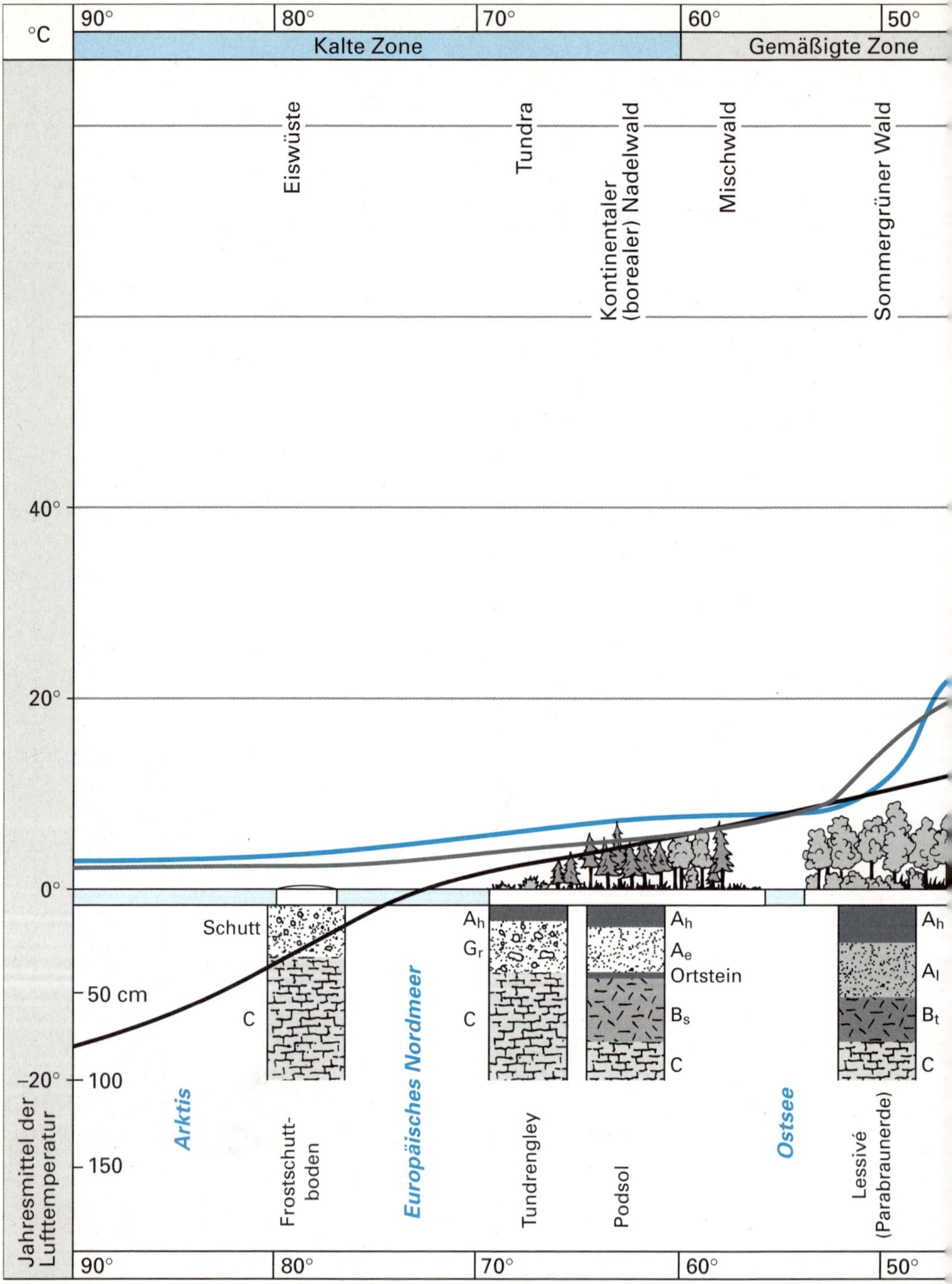

Landschaftszonenprofil 15° Ost
Entwurf: Werner Wallert

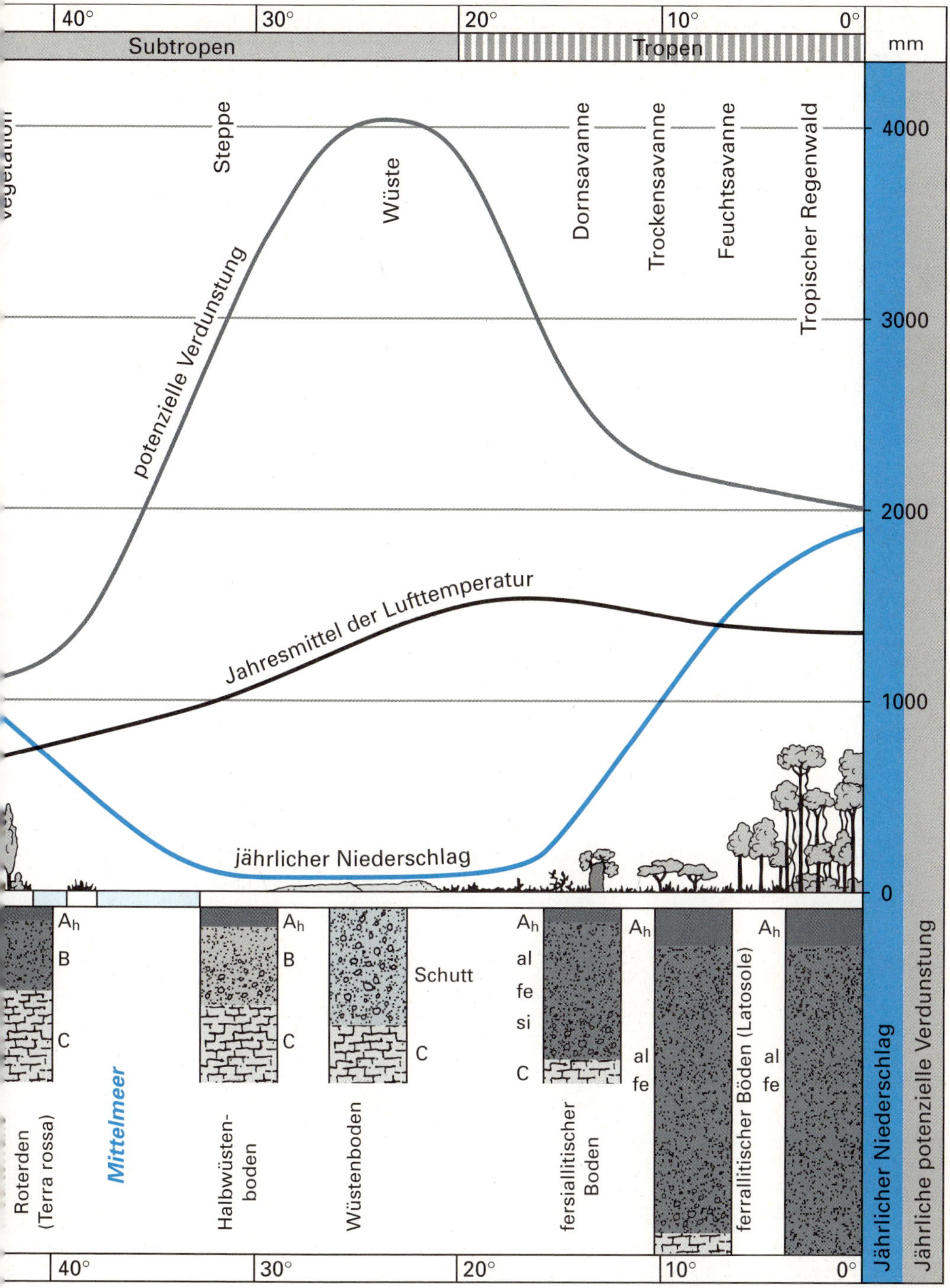

40°
30°
20°
10°
0°
Subtropen
Tropen
mm
Steppe
Wüste
Dornsavanne
Trockensavanne
Feuchtsavanne
Tropischer Regenwald
4000
3000
2000
1000
0
potenzielle Verdunstung
Jahresmittel der Lufttemperatur
jährlicher Niederschlag
Ah
B
C
Schutt
al
fe
si
Roterden (Terra rossa)
Mittelmeer
Halbwüstenboden
Wüstenboden
fersiallitischer Boden
ferrallitischer Böden (Latosole)
Jährlicher Niederschlag
Jährliche potenzielle Verdunstung

4.4 Typische Bodentypen der Außertropen

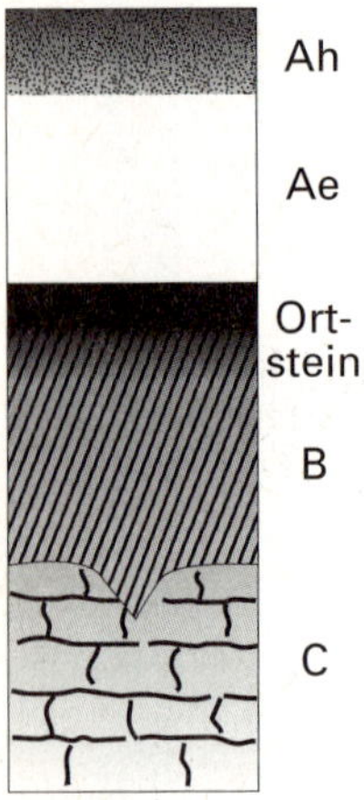

Profil Podsol

Podsol (Bleicherde), Bodentyp des kühlgemäßigten humiden Klimas, insbesondere der Zone der kontinentalen Nadelwälder.

Bildung: Die Ausgangsgesteine sind meist durch geringen Gehalt an Basen und hohen Anteil an Quarz gekennzeichnet. Aber auch auf relativ nährstoffarmen, sandigen glazialen Ablagerungen entstehen substratbedingt Podsole. Hier gedeihen Nadelbäume, deren abgefallene Nadeln nur schwer zersetzbar sind und sich an der Oberfläche akkumulieren. Niedrige Temperaturen hemmen zusätzlich den Abbau der organischen Substanz, so dass eine mächtige Rohhumusauflage entsteht, deren Säuren die Bodensubstanz angreifen. Die pH-Werte des Oberbodens sind von Beginn der Bodenbildung an sehr niedrig (pH-Wert ca. 2,5). Hohe Niederschläge führen zu einem nach unten gerichteten Sickerwasserstrom und zur Auswaschung chemischer Verbindungen (z. B. Eisen-, Mangan- und Aluminiumverbindungen sowie organischer Substanz) vom Ober- in den Unterboden. Der meist graue A-Horizont eines Podsols wird daher auch als Verarmungshorizont bezeichnet. In den tieferen Schichten werden diese Substanzen wieder ausgefällt und teilweise im Ortsteinhorizont verfestigt.

Eigenschaften: Der Podsol ist extrem nährstoffarm, besitzt aber einen guten Lufthaushalt und eine gute Wasseraufnahmefähigkeit. Sein niedriger pH-Wert schränkt das Bodenleben ein.

Mit geeigneten Maßnahmen wie Kalkung und Düngung, aber auch durch Tiefpflügen zur Aufbrechung der Ortsteinschicht kann der Podsol zu einem mäßig guten Ackerboden verbessert werden.

Profil Rendzina

Rendzina, Bodentyp der gemäßigten Breiten, der sich auf harten Kalkgesteinen entwickelt.

Bildung: Die Boden bildenden Prozesse, die zur Bildung von Rendzinen führen, sind Auswaschung der im Ausgangsgestein vorhandenen Carbonate, Anreicherung des tonigen Lösungsrückstandes und Akkumulation von Humus. Im Unterboden findet keine Anreicherung von Verwitterungsprodukten statt, so dass der Boden nur aus zwei Horizonten besteht.

Die **Eigenschaften** der Rendzinen sind noch stark vom Ausgangsgestein geprägt. Aufgrund der Durchlässigkeit des unterlagernden Kalkgesteins und der fehlenden Lehme leiten sie Wasser durch und trocknen schnell aus. Sie sind flachgründig, fast ohne Fremdmaterial, meist nährstoffreich und reagieren schwach alkalisch (pH-Werte

7–8,5). Durch ihr lockeres bis krümeliges Bodengefüge sind sie meist gut durchlüftet. In Hanglagen stellen Rendzinen meist das Endstadium der Bodenentwicklung dar. Bei fortschreitender Pedogenese kann sich eine Rendzina zu einer Terra fusca mit ausgebildetem B-Horizont weiterentwickeln. Rendzinen entsprechen den Rankern auf silikatreichen Gesteinen.

Parabraunerde, Bodentyp, der viele Ähnlichkeiten mit einer Braunerde (Ah, Bv, C) aufweist, zusätzlich aber durch die Verlagerung von Ton vom Ober- in den Unterboden gekennzeichnet ist.

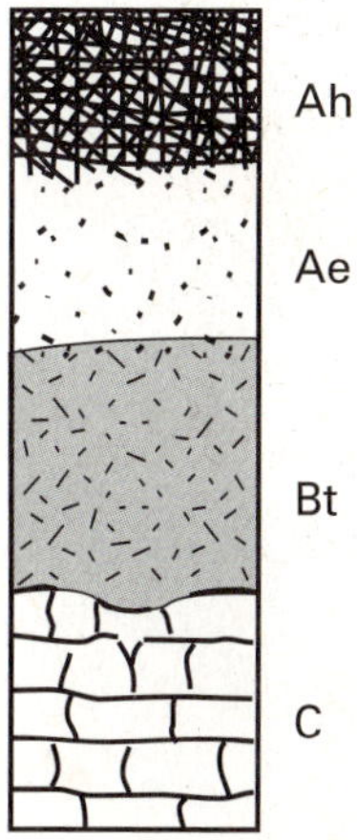

Profil Parabraunerde

Bildung: Parabraunerden entstehen im gemäßigt warmen Klima mit etwa 500–800 mm Jahresniederschlag und einer Jahrestemperatur von 7–10 °C. Sie bilden sich meist unter Laubwald auf lockeren silikatreichen Gesteinen wie Löss oder Glazialschotter. Der Laubwald liefert reichlich Material für den mächtigen A-Horizont. Bei den Parabraunerden findet eine teilweise Ausschwemmung der bei der Verwitterung von Silikaten freigesetzten Tonmineralien aus dem Oberboden in den Unterboden statt. Dieser Prozess der Tonverlagerung wird auch als Lessivierung bezeichnet. Parabraunerden werden auch als lessivierte Böden bezeichnet. Im Unterboden werden diese Partikel aufgrund des dort höheren pH-Wertes und des Endens der Transportwege (z. B. Schwundrisse oder Wurzelkanäle) wieder ausgefällt.

Eigenschaften: Durch einen relativ hohen Anteil an Poren können Parabraunerden – insbesondere aus Löss – hohe Wassermengen speichern. Sie haben eine gute Kationenaustauschkapazität durch ihren hohen Anteil an Dreischichttonmineralien, insbesondere an Illiten. Auf Lösslehm können Parabraunerden Bodenwertzahlen bis 90 erreichen.

Gley, reliefabhängiger Bodentyp, der sich unter dem Einfluss von hoch anstehendem Grundwasser entwickelt, dessen Spiegel im Mittel nicht tiefer als 100 Zentimeter unter der Erdoberfläche liegt. Der Name Gley kommt aus dem Russischen und bedeutet „sumpfiger Boden".

Profil Gley

Bildung: Gleye haben ein ausgeprägtes A-G-C-Profil (A-Horizont, C-Horizont). Oberboden und verwittertes Gestein werden durch einen so genannten Grundwasserhorizont (G-Horizont) getrennt. Dieser Bodenhorizont ist das Ergebnis des meist stark schwankenden Grundwasserspiegels. Im Sommer und Herbst liegt dieser meist niedrig, so dass der obere Teil des G-Horizontes gut belüftet wird und aufgrund von Eisen- und Manganverbindungen, die nun mit dem

Luftsauerstoff in Kontakt kommen, wobei beispielsweise das zweiwertige Eisen zu einem rostfarbenen Eisenoxid oxidiert, eine rostrote Fleckung aufweist. Der untere Teil des G-Horizonts ist meist dunkelgrau und das ganze Jahr über vernässt. Hier herrschen infolge von Luftmangel Reduktionsprozesse vor. Bei ganzjährig hoch anstehendem Grundwasser entstehen Sonderformen des Gley, die als Nass- oder Anmoorgley zu Mooren überleiten.

Eigenschaften: Ein Gleyboden ist nährstoffarm, weil durch die schwankenden Wasserstände die Nährstoffe wegtransportiert werden. Die teilweise hohe Staunässe verhindert zudem eine tiefere Durchwurzelung, weil die meisten Pflanzenwurzeln auf eine direkte Versorgung mit Luftsauerstoff angewiesen sind und im Wasser unter anaeroben Bedingungen absterben. So kann ein Gleyboden meist nur für Grünlandwirtschaft genutzt werden.

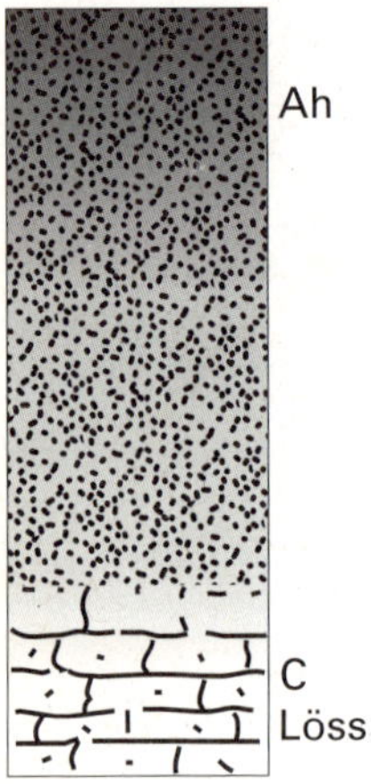

Profil Schwarzerde

Schwarzerde (Tschernosem), Bodentyp der winterkalten Steppen in Osteuropa, Asien und Nordamerika. Schwarzerden sind die fruchtbarsten und stabilsten Böden weltweit. In Mitteleuropa sind die Vorkommen von Schwarzerden fossil.

Bildung: Zur Ausbildung von Schwarzerden müssen mehrere Faktoren zusammenkommen:

Schwarzerden entwickeln sich vorwiegend aus kalkhaltigen Lockersedimenten, wie Löss. Dieser Bodentyp weist ein A-C-Profil (siehe A-Horizont; C-Horizont) auf.

Da das winterkalte Klima in Verbindung mit meist sehr trockenen Sommern die Zersetzung von organischer Substanz behindert, kommt es in den oberen Schichten zu einer starken Anhäufung von Humus. Außerdem werden unter weitgehend semiariden Bedingungen Nährstoffe weder ausgewaschen noch bei allzu großer Trockenheit an die Bodenoberfläche transportiert und dort als Salze konzentriert. Steppentiere wie der Hamster sorgen für eine tief gehende Durchmischung des Substrats und arbeiten den Humus tief in den Boden ein. Mit zunehmender Tiefe treten Kalkanreicherungen auf.

Eigenschaften: Die Ausstattung der Schwarzerden mit Nährstoffen ist überaus gut: sie haben einen günstigen pH-Wert, einen hohen Anteil an Dreischichttonmineralien, einen hohen Humusanteil und nicht zuletzt ein mit einem Gesamtporenvolumen von bis 50 % beste Voraussetzungen für Durchlüftung und das Wasserhaltevermögen. Sie sind daher sehr fruchtbare, hochwertige Ackerböden. In Deutschland sind diese Böden in der Bördenzone (Magdeburger Börde, Braunschweiger Börde) verbreitet.

4.5 Typische Bodentypen der Tropen

Tropische Böden sind insgesamt sehr unterschiedlich: Die Palette reicht hier von fruchtbaren Vulkanböden bis hin zu reinem, sehr humusarmem Quarzsand.

Die Böden der Tropen werden unter besonderen Bedingungen gebildet. Ständig hohe Temperaturen und ein je nach Klimazone sehr unterschiedliches Wasserangebot beeinflussen insbesondere die chemische Verwitterung stark. So laufen aufgrund der höheren Temperatur und bei ausreichendem Bodenwasser die Verwitterungsprozesse schneller ab. Starke Niederschläge führen während der Regenzeit zur Auswaschung von Nährstoffen, während sich in den Trockenzeiten der Bodenwasserstrom nach oben bewegt.

Aufgrund der in den Regenzeiten sehr intensiven Verwitterung sind die Böden der feuchten Tropen sehr tiefgründig und meist sehr vollständig verwittert. In den äußeren trockenen Tropen finden sich Skelettböden, weil hier aufgrund des fehlenden Wassers kaum noch chemische Bodenbildungsprozesse stattfinden.

Latosole: (ferrallitische Böden, Laterit, tropische Roterden)

Etwa die Hälfte des gesamten Regenwaldbestandes stockt auf rötlichen Böden, so genannten Latosolen oder Roterdeböden.

Bildung: Diese Böden bilden sich unter tropischen Klimabedingungen mit ganzjährig hohen Temperaturen und Niederschlägen von mehr als 1 200 mm aus den Silikatgesteinen, die in den tropischen Regenwaldgebieten und Teilen der Feuchtsavanne vorherrschen. Die hohen Temperaturen und großen Niederschlagsmengen führen zu einer starken chemischen Bodenverwitterung und zu sehr tiefgründigen, mehrere Meter tiefen Böden. Die intensive Verwitterung führt zu Zweischichttonmineralien wie dem Kaolinit mit einer geringen Kationenaustauschkapazität.

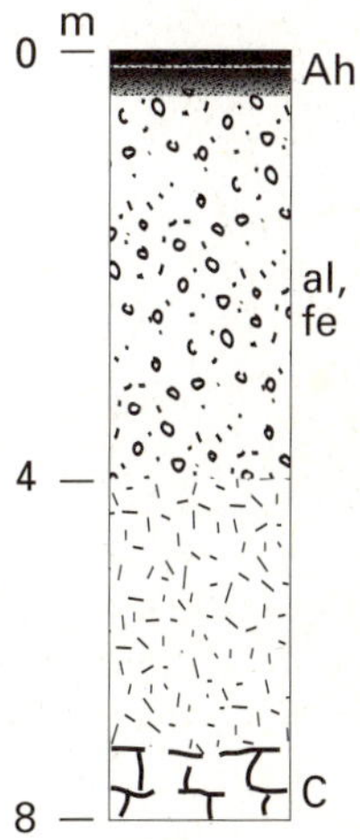

Profil Latosol

Das in der Tiefe liegende Ausgangsgestein kann nur wenig Primärmineralien nachliefern.

Eigenschaften: Laufend werden so durch den nach unten gerichteten Bodenwasserstrom Nährstoffe aus den oberen Erdschichten gelöst und ins Grundwasser ausgewaschen, wo sie für die Pflanzenwurzeln unerreichbar sind. Außerdem sind die tropischen Böden meist sehr alt, so dass die intensive Verwitterung bereits sehr lange anhält und die Latosole daher nur über geringe Mengen an pflanzlichen Nährstoffen verfügen. Dagegen sammeln sich im Unterboden Quarz, Aluminium und Eisen in Form von Oxiden in hohen, teilweise für die Pflanzenwurzeln sogar giftigen Konzentrationen an, da sie im Regenwasser kaum löslich sind und nicht ausgewaschen werden. Diese Oxidverbindungen führen zur Rotfärbung der Böden. Ein tropischer Regenwald kann auf diesen nährstoffarmen Böden dennoch große Mengen an Biomasse produzieren, weil er über Mykorrhizen (Wurzelpilze) verfügt, die die im oberen Bodenbereich durch Zersetzung organischen Materials anfallenden Nährstoffe sofort aufnehmen und in die Pflanzen zurückführen. Da aus dem Oberboden die Kieselsäure ausgewaschen wird, kommt es zur Anreicherung von Eisen- und Aluminiumverbindungen und ihrer Verfestigung im Oberboden. Dies wird als Laterisierung bezeichnet.

4.6 Bodenentwicklungen

Eine Parabraunerde ist das Ergebnis eines langjährigen Entwicklungsprozesses. Ausgangspunkt sind dabei quarz- und silikatreiche Gesteine, zum Beispiel Löss.

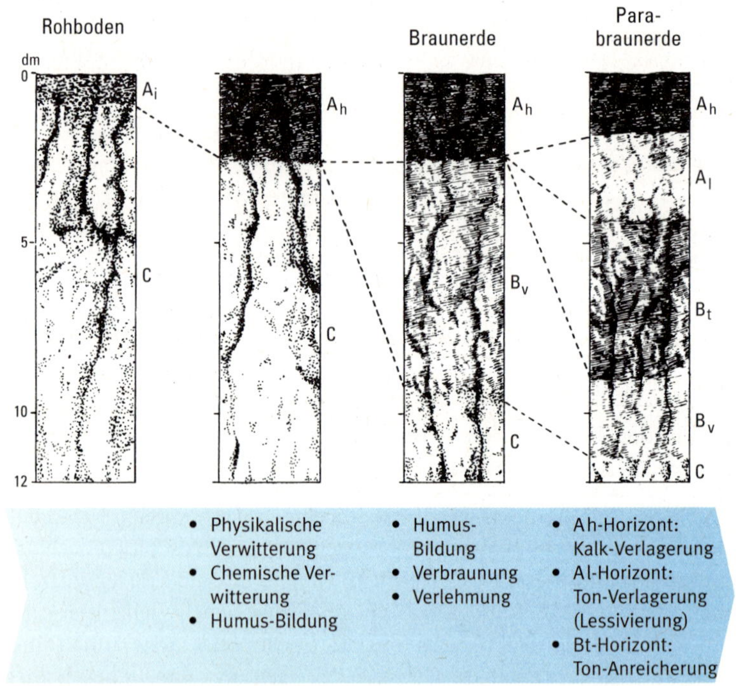

Prozesse der Bodenentwicklung
Hans-Ulrich Bender u. a.: Landschaftszonen. Stuttgart 1986, S. 25

Schreitet die Bodenentwicklung fort, kann sich aus der Parabraunerde ein Podsol entwickeln.

Im gleichen Gebiet können sich in Abhängigkeit von Relief und Gesteinen verschiedene Böden entwickeln, die sich auch in ihrer Nutzungsart unterscheiden:

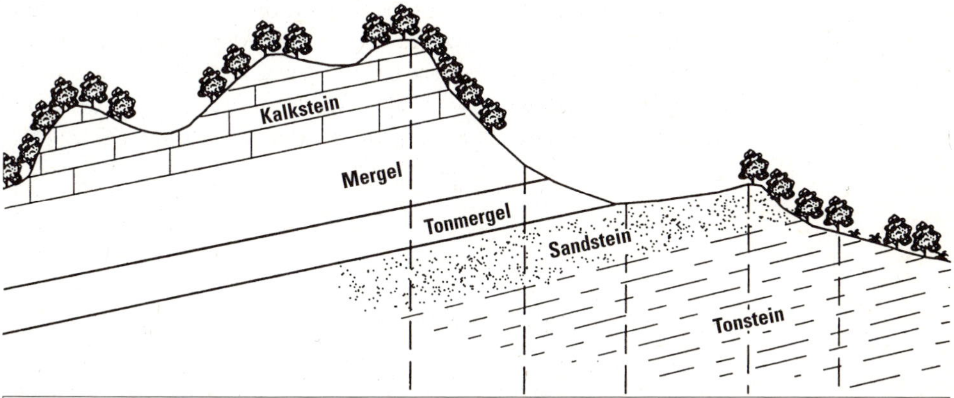

Geländeform	Kuppen	Senken	Steilhang	Hangfuß	Schichtfläche	Steilhang	Hangfuß
Bodentyp	Rendzina	Terra fusca	Rendzina	Braunerde-Pelosol	Braunerde	Ranker	Pelosol-Pseudogley
Nutzungsart	Wald	Acker	Wald	Acker	Acker	Wald	Wald oder Grünland

Bodenentwicklung
Umweltministerium Baden-Württemberg (Hrsg.): Umweltschutz in Baden-Württemberg: Böden. 3. Auflage, Stuttgart 1993, S. 4

4.7 Bodenverschlechterung

Unter Bodenverschlechterung, auch Bodendegradierung oder Bodendegradation, versteht man die zurückgehende Qualität eines Bodens. Dabei kann die Struktur und die Zusammensetzung eines Bodens verändert werden. Manchmal wird der Begriff Bodenverschlechterung auch synonym für die Abnahme der Bodenquantität verwendet, da diese im Allgemeinen eine Reduzierung der Bodenqualität nach sich zieht.

Bodenverschlechterung: Verringerung der Bodenqualität

	Landfläche (Mio. km²)	Anteil der Degradationsformen an der degradierten Gesamtfläche: davon degradiert	Wassererosion (%)	Winderosion (%)	Physikalische Degradation (%)	Chem. Degradation (%)	Anteil der degradierten Flächen für verschiedene Nutzungsarten: Ackerland (%)	Dauergrünland (%)	Wälder und Savannen (%)
Afrika	29,66	17	46	38	4	12	65	31	19
Asien	42,56	18	58	30	2	10	38	20	27
Zentral- und Südamerika	21,91	14	55	15	4	25	51	14	14
Nordamerika	18,85	5	63	36	1	1	26	11	1
Europa	9,50	23	52	19	17	12	25	35	26
Australien/ Ozeanien	8,82	12	81	16	2	1	16	19	8
Welt	**130,13**	**15**	**56**	**28**	**4**	**12**	**38**	**21**	**18**

Kontinentale Verbreitung der Bodendegradation
aus Fischer Weltalmanach 2000 (digital); Quellen: WGBU, UNEP, 1994

Eine schlechtere Bodenqualität kann durch die unterschiedlichsten Prozesse bedingt sein. Als mögliche Ursachen gelten: Erosion, Versalzung, Verschmutzung mit Giften, Versauerung, Entwässerung, Laterisierung, großflächige Abholzung oder ungünstige Formen der Bodenbearbeitung. Meist kommt eine Bodenverschlechterung durch eine Kombination dieser Prozesse zustande.

Der am weitesten verbreitete Prozess der Bodenverschlechterung ist die Bodenerosion. Über 90 % der weltweiten Bodendegradation werden – zu etwa gleichen Teilen – durch Abholzung von Wäldern, Überweidung und vor allem nicht angepasste Bodenbearbeitung durch den Menschen verursacht. Fehlt die schützende Vegetationsdecke, ist der Boden den Witterungseinflüssen, insbesondere dem Niederschlag schutzlos ausgesetzt. Allzu leicht kann dann die oberste fruchtbare Bodenschicht, der A-Horizont zerstört und abtransportiert werden. Besonders drastisch geschieht dies in den gebirgigen Regionen der Tropen. Nach der noch oftmals erfolgenden Brandrodung ist der Boden schutzlos den tropischen Starkregen ausgesetzt.

In der Folge werden die obersten Bodenschichten abgespült und die im Boden noch vorhandenen Nährstoffe ausgespült. Für ein weiteres Pflanzenwachstum ist der Rest-Boden nicht mehr zu gebrauchen. Eine Wiederherstellung der Böden gestaltet sich als schwierig, da aufgrund des in den tropischen Ländern noch immer sehr hohen Bevölkerungswachstums der Druck auf landwirtschaftliche Flächen groß ist, sodass die Regenerationszeiten dieser Flächen zu kurz sind.

In Gebirgsregionen droht bei Bodenzerstörung die Gefahr von Hochwasser: die vegetationslose Bodenoberfläche kann bei starken Regenfällen das Wasser nicht mehr in den Pflanzen speichern und es fließt schnell oberirdisch ab.

In Trockengebieten ist die Winderosion vorherrschend. Normalerweise schützt eine spärliche Pflanzendecke aus angepassten Sträuchern und Gräsern den Boden vor der Degradation. Überweidung durch zu hohen Viehbestand und Abholzen der trockenen Sträucher zur Feuerholzgewinnung verringern den Schutz des Bodens. Damit nimmt der Bodenabtrag zu. Teile der Sahelzone werden so zur Wüste.

Diese Prozesse sind jedoch nicht nur auf die Trockengebiete der Tropen beschränkt. 1934 wurden im südlichen Teil der Great Plains (USA), einer landwirtschaftlich stark genutzten Region, 3000 Millionen Tonnen fruchtbaren Bodens fortgetragen. Bei diesen so genannten Dust Bowls gingen stellenweise pro Sturmereignis bis zu zehn Zentimeter wertvollen Bodens verloren.

Dust Bowl (wörtlich: Staubschüssel): Bezeichnung für Dürreschäden in den südlichen Great Plains

Bodenversalzung: Anreicherung von Salzen im Boden

Eine weitere Gefahr für die Bodenqualität stellt in den Trockengebieten die Bodenversalzung dar. Zur Anreicherung von Salz an der Bodenoberfläche kommt es, wenn in ariden Gebieten der Boden unsachgemäß bewässert wird. Das Bewässerungswasser steigt durch die hohe Verdunstung im nach oben gerichteten Bodenwasserstrom an die Oberfläche. Dort verdunstet das Wasser und die in ihm gelösten Nährstoffkationen bleiben als Salz an der Erdoberfläche zurück. Darunter leiden nicht nur die Pflanzen, es kommt auch zur Zerstörung der Bodenstruktur. Durch eine überhöhte Düngung mit Mineraldünger kann es ebenfalls zur Bodenversalzung kommen.

In den Industrieländern stellt die Vergiftung von Böden durch den Eintrag von landwirtschaftlichen Abfällen und von Klärschlämmen, die stark mit Schwermetallen belastet sein können, eine wesentliche Gefahr dar. Oftmals missbraucht man Böden auch als Deponien für Abfälle aus Industriebetrieben. Diese Böden müssen nun im aufwendigen Verfahren der Altlastensanierung entgiftet werden. 1986 kam es in Mittel- und Osteuropa zu einer radioaktiven Belastung der Böden in Folge des Reaktorunglücks von Tschernobyl (Ukraine).

Unzureichende Kenntnis der Bodenbearbeitung kann Böden ebenfalls zerstören. Beispiele sind die Bodenverdichtung durch den Einsatz schwerer Maschinen in der Land- und Forstwirtschaft, die Bodenbearbeitung bei Regen sowie das Pflügen in Richtung der Hangneigung. Bodenabtrag in Pflugrillen kann durch hangparalleles Pflügen (Konturpflügen) verhindert werden.

Die Hydrosphäre

5

Die Hydrosphäre umfasst den von Wasser erfüllten Teil der Geosphäre: alle Weltmeere, Binnenseen und Flüße, aber auch den Bereich des Grundwassers und die von Schnee und Eis bedeckten Flächen.

5.1 Globaler Wasserhaushalt

Nur etwa 0,1 % des Volumens der Erde ist Wasser. Allerdings sind 361 Millionen Quadratkilometer oder 71 % der Erdoberfläche mit Wasser bedeckt.

Im System Erde – Atmosphäre zirkulieren mehr als 1,4 Milliarden Kubikkilometer Wasser, wovon auf die Meere 96,5 % entfallen. Von den übrigen 3,5 % Süßwasser sind mehr als zwei Drittel (69 %) als Eis und weitere 30 % als Grundwasser gebunden. Nur 0,25 % der globalen Wasservorräte befinden sich in Seen und in den Flüssen sind gerade einmal 0,006 % des Süßwassers enthalten. 0,04 % finden sich in der Atmosphäre. Die nicht als Eis gebundenen Süßwasservorkommen stellen für das Leben auf dem Festland und die Vorgänge der Bodenbildung, Verwitterung, Verlagerung und Sedimentation eine entscheidende Voraussetzung dar.

Grundwasser: im porösen Gestein des Untergrund vorhandenes Wasser, das durch die Versickerung von Fluss- und Niederschlagswasser entsteht

Alles Wasser bewegt sich dank Sonnenenergie und Schwerkraft in einem fortwährenden Kreislauf durch die Atmosphäre, Biosphäre, Pedosphäre und Lithosphäre und die Meere.

5.2 Meere

Als Meere oder Ozeane bezeichnet man die zusammenhängenden großen Salzwassermassen der Erde.

Gliederung

Pazifischer (178,8 Millionen km^2), Atlantischer (106,2 Millionen km^2) und Indischer Ozean (75,8 Millionen km^2) bilden mit mehr als 90 % der Wasseroberfläche die großen Meere. Mit diesen drei großen Ozeanen sind kleinere Meere als Randmeere wie die Nordsee, als

Randmeer: ist dem Kontinent angelagert und durch Inseln oder Halbinseln vom offenen Ozean getrennt

Binnenmeer: ist in einen Kontinent eingelagert

Mittelmeer: Bezeichnung für kleiner Meere, die zwischen Kontinenten liegen

Binnenmeere wie die Ostsee oder Mittelmeere wie das asiatisch-europäisch-afrikanische Mittelmeer zwischen den Kontinenten Asien, Europa und Afrika verbunden.

Eine weitere allgemeine Differenzierung von Meeren erfolgt nach der Entfernung zur Küste und der Wassertiefe.

Kontinentalschelf: Randzone der Weltmeere; stellt den überfluteten Teil der Kontinente dar und zählt eigentlich zu den Kontinenten

Schelfmeer: Meer des Kontinentalschelfs

Kontinentalabhang: Übergang vom Kontinent zum Boden der Weltmeere

Tiefseebecken: Boden der Ozeane mit einer Tiefe von etwa 3 000 bis 6 000 Metern

Tiefseegräben: sich länglich erstreckende Bereiche der Tiefsee, gehören zur Subduktionszone

Auf die Küstenlinie folgt meerwärts bis zu einer Wassertiefe von 200 m der flache Kontinentalschelf oder -sockel. Dieser Bereich kann noch von der eingestrahlten Sonnenenergie profitieren und weist eine große biologische Vielfalt auf. Schelfmeere beherbergen aufgrund dieser Voraussetzungen im Allgemeinen viele Fischschwärme.

Meerwärts schließt sich an die Schelfmeere der Kontinentalabhang an. Dieser fällt auf einer Strecke bis zu 100 Kilometern mehr oder minder steil bis in eine Tiefe von mehr als 2 000 Metern ab. Hier ist dann der Bereich der Tiefsee erreicht. Zu den wichtigen geomorphologischen Formen der Tiefsee gehören die Tiefseebecken und die tektonisch aktiven Tiefseegräben mit einer Tiefe von 8 000 bis über 11 000 Metern und die Mittelozeanischen Rücken. Der tiefste Punkt der Weltmeere liegt im Marianengraben mit 11 022 m Tiefe.

Meerwasser

Bei einer mittleren Dichte von 1,027 (bei 0 bis 15 °C) enthält das Meerwasser durchschnittlich 35 Promille (oder Gramm pro Liter) gelöste Salze. Verdunstung, Niederschlag, Eisbildung und salzarme Zuflüsse verändern den Salzgehalt. Für die Nordsee wurden jahreszeitlich unterschiedliche Werte zwischen 31 und 33 Promille gemessen. Durch Vermischung mit Süßwasser kann in Randmeeren, in denen der Wasseraustausch mit den Ozeanen eingeschränkt ist, der Salzgehalt geringer sein. So liegt er bei der Ostsee zwischen 2 und 20 Promille. Umgekehrt führt eine starke Verdunstung von der Oberfläche des jeweiligen Meeres in Kombination mit geringen Zuflüssen zu einer Erhöhung des Salzgehaltes: im Roten Meer und Persischen Golf wird ein Salzgehalt von 41 Promille, im Toten Meer von 280 Promille gemessen.

Unabhängig vom Salzgehalt bleibt die Zusammensetzung der gelösten Salze weitgehend gleich:

Spurenelemente	0,01 %	Brom (Br)	0,19 %	Magnesium (Mg)	3,69 %
Fluor (F)	0,00 %	Bicarbonate ($NHCO_3$)	0,41 %	Sulfate (SO_4)	7,69 %
Strontium (Sr)	0,04 %	Kalium (K)	1,10 %	Natrium (Na)	30,61 %
Borsäure (H_3BO_3)	0,07 %	Calcium (Ca)	1,16 %	Chlor (Cl)	55,04 %

Eine Erhöhung oder Erniedrigung des Salzgehaltes hat entscheidenden Einfluss auf die Meerwassereigenschaften:

Salzgehalt in Promille	Größte Dichte bei °C	Gefrierpunkt °C
0	+4,0	0,0
10	+1,8	-0,5
20	-0,3	-1,1
30	-2,5	-1,6
40	-4,5	-2,2

Eine Erhöhung des Salzgehaltes im Meer führt über

- die Senkung des Gefrierpunktes
- die Erhöhung der Dichte des Wassers und
- die Absenkung der Temperatur des Dichtemaximums

zu einer veränderten vertikalen Durchmischung mit weitreichenden Folgen für den Energiehaushalt des Meeres und der darüber liegenden Atmosphäre.

Meeresströmungen

Wind, Gezeiten, Temperatur- und Dichteunterschiede versetzen das Wasser der Meere in Bewegung. Bei der Bewegung von Meereswellen schwingen die Wasserteilchen kreisförmig in Orbitalbahnen, wodurch sie ihre Lage im Raum nur wenig verändern und immer wieder an ihren Ausgangspunkt zurückkehren. In der Regel findet dadurch also kein Wassertransport statt. Die Wellenbewegungen sind auf eine geringe Meerestiefe von maximal 200 Metern beschränkt. Im Flachwasserbereich an der Küste werden die Wellen abgebremst und überschlagen sich, wodurch eine Brandung entsteht.

Brandung: die auf die Küste auftreffenden Wellen in Abhängigkeit von der Windstärke und den Gezeitenströmungen

Bei den Meeresströmungen ist dagegen ein echter Transport von Wassermassen zu beobachten. Der Wind erzeugt oberflächennahe und unbeständige Driftströme. Die Corioliskraft lenkt diese Strömungen auf der Nordhalbkugel nach rechts und auf der Südhalbkugel nach links ab. So erzeugen Passate vor der Westküste Afrikas einen nördlichen und südlichen Äquatorialstrom, der Wassermassen nach Amerika transportiert.

Bei den Tiefenströmungen überwiegen als Ursache ungleiche Temperatur- und Salzverteilungen. Ausmaß und Geschwindigkeit dieser Strömungen im Innern der Ozeane sind auch vom Relief des Meeresbodens abhängig.

Eine große ozeanische Zirkulation verknüpft die drei großen Ozeane. In diesem System sind Wassermassen bis zu 1 000 Jahren unterwegs. Angetrieben wird dieses weltweite Zirkulationssystem durch Vorgänge im Nordatlantik. Warmes Oberflächenwasser strömt vom Äquator über den Golf von Mexiko nordwärts. Dabei gibt es beträchtliche Wärmemengen an die Atmosphäre ab. Das führt dazu, dass im Norden Europas die Winter milder sind als in entsprechenden Breiten in Amerika. Durch die Abkühlung des in den Nordatlantik transportierten Wassers erhöht sich seine Dichte und es sinkt in große Tiefen ab. In der Tiefe fließt es unter dem Golfstrom zurück in den Indischen und Pazifischen Ozean, wo es wieder an die Oberfläche gelangt und erwärmt zurück in den Südatlantik transportiert wird. Diese Zirkulation wird verstärkt durch Unterschiede im Salzgehalt. Der Atlantik weist durchschnittlich höhere Salzgehalte auf als der Pazifik, wo die Verdunstungsrate geringer ist als die Wasserzufuhr. Die Bedeutung dieser Meeresströmungen liegt in ihren Auswirkungen auf die Atmosphäre und auf das Klima küstennaher Bereiche. So regnen sich im Bereich kalter Auftriebsströmmungen die auflandigen Luftmassen bereits über dem kalten Wasser ab. In den angrenzenden küstennahen Bereichen entwickeln sich Küstenwüsten wie die Atacama im Norden Chiles und die Namib an der Küste Südwestafrikas.

Bedeutung der Meere

Das Klima der Erde wird entscheidend durch die Weltmeere beeinflusst. Die Verdunstung des Meereswassers bringt Wasserdampf in die Atmosphäre und damit die Voraussetzung für Niederschläge. In einem Jahr verdunsten 350 000 Kubikkilometer Wasser und würden, sofern es keine Niederschläge oder Zuflüsse gäbe, den Wasserspiegel der Weltmeere um etwa einen Meter absenken.

Entscheidend für das Weltklima ist unter anderem die Fähigkeit der Meere, Energie in Form von Wärme zu speichern und diese mit der Atmosphäre auszutauschen. Je wärmer die Meere werden, desto mehr Energie gelangt in die Atmosphäre. Veränderungen im Wärmehaushalt der Meere könnten die globale ozeanische Zirkulation empfindlich stören. So könnte der Golfstrom nach Süden verlagert werden, was zu einer deutlichen Absenkung der Durchschnittstemperaturen in Mittel- und Nordeuropa führen würde.

Als CO_2-Senke wirken die Weltmeere in den kälteren Jahreszeiten. Kaltes Wasser kann vermehrt CO_2 aufnehmen. Sinkt dieses kohlenstoffdioxidreiche Wasser in größere Tiefen ab, wird der Atmosphäre CO_2 langfristig entzogen und kann nicht mehr zu einer Erwärmung der Atmosphäre beitragen.

Geozonen

6

Landschaft ist der umgangssprachliche Begriff für einen Teil der Erdoberfläche, der von verschiedenen Faktoren, wie Klima, Wasser, Oberflächengestalt und Boden geprägt wird. Sind in dieser Landschaft prägende Einflüsse des Menschen vorhanden, zum Beispiel landwirtschaftlich genutzte Flächen oder Bauwerke, verwendet man den Begriff Kulturlandschaft, während die weitgehend unberührte Landschaft auch als Naturlandschaft bezeichnet wird. Unter dem Gesichtspunkt der Entstehung unterscheidet man verschiedene Großformen von Landschaften. Beispiele hierfür sind Küsten, die durch Gletscher gebildeten Landschaften, Seenlandschaften sowie Landschaften, die durch plötzliche geologische Prozesse wie etwa Vulkanausbrüche entstanden.

Neben den charakteristischen, örtlich begrenzten Landschaften unterscheiden die Geographen Geozonen oder auch Landschaftszonen, die sich aufgrund einer gewissen Einheitlichkeit der natürlichen Faktoren voneinander abgrenzen lassen. Diese charakteristische räumliche Ausstattung entsteht durch das Zusammenwirken der Geofaktoren. Die Geozonen versuchen ein Ordnungsraster zu bilden, das eine rasche Orientierung über naturgeographische Zusammenhänge erlaubt.

Alle Geozonen bilden in ihrer Gesamtheit die Geosphäre der Erde. Sie erstreckt sich etwa zehn Kilometer in die Atmosphäre hinein und bis in die größten Tiefen der Ozeane. Den belebten Teil der Landschaftssphäre bildet die Ökosphäre. Teileinheiten der Ökosphäre sind die Ökosysteme. Als Ökosysteme bezeichnet werden sowohl sehr kleine Gebiete wie Regenpfützen, als auch mittelgroße wie ein Flussufer oder sehr große wie ausgedehnte Regenwaldgebiete der Tropen.

Die Ökologie gliedert jedes Ökosystem in das Biotop und die Biocoenose. Das Biotop umfasst die abiotischen Faktoren wie Boden, klimatische Bedingungen und das Relief, während die Biocoenose das Wirkungsgefüge zwischen den Organismen aus Tier- und Pflanzengesellschaft beschreibt. Dazu gehören auch Energieströme und Stoffkreisläufe innerhalb des Systems. Biocoenose und Biotop stehen in einer Wechselbeziehung zueinander. Ökosysteme sind dynamische Systeme, in denen zahlreiche Wechselbeziehungen zwischen den dort vorkommenden Lebewesen sowie zwischen diesen und ihrem Lebensraum herrschen. Die einzelnen Geozonen selbst sind wiederum aus einer Vielzahl von kleineren Ökosystemen zusammengesetzt.

Biotop: Lebensraum

Biocoenose: Lebensgemeinschaft

Als Gliederungsgrundlage für die Geozonen dient die Klimaklassifikation von *Troll* und *Paffen*. Diese Klimaklassifikation wird deswegen als Gliederungsgrundlage gewählt, weil dem Klima die entscheidende Rolle bei der Gestaltung der Geozonen zukommt. Relief, Böden, Vegetation und Wasserhaushalt sind in ihrer Ausformung vom Klima abhängig. Die Klassifikation von *Troll* und *Paffen* ist zudem sehr stark geoökologisch orientiert.

6.1 Die kalte Zone

Troll und *Paffen* gliedern die kalte Zone in zwei Großzonen mit insgesamt sieben Unterzonen. Es sind dies

Polare und subpolare Zonen

1. Hochpolare Eisklimate: polare Eiswüsten.
2. Polare Klimate mit geringer Sommerwärme (wärmster Monat unter +6 °C): polare Frostschuttzone.
3. Subarktische Tundrenklimate mit kühlen Sommern (wärmster Monat 6–10 °C) und großer Winterkälte (kältester Monat unter -8 °C): Tundren.
4. Subpolare Klimate von hoher Ozeanität mit mäßig kalten, schneearmen Wintern (kältester Monat +2 °C bis -8 °C) und kühlen Sommern (wärmster Monat 5-12 °C; Jahresschwankung < 13 °C, meist < 10 °C.

Kaltgemäßigte boreale Zone

1. Ozeanische Borealklimate (Jahresschwankung 13–19 °C) mit mäßig kalten, aber relativ schneereichen Wintern (kältester Monat +2 °C bis -3 °C; winterliches Niederschlagsmaximum), mäßig warmen Sommern (wärmster Monat 10–15 °C) und einer Vegetationsdauer von 120–180 Tagen: ozeanisch-feuchte Nadelwälder.
2. Kontinentale Borealklimate (Jahresschwankung 20–40 °C) mit langen, sehr kalten und schneereichen Wintern, aber kurzen, relativ warmen Sommern (wärmster Monat 10–20 °C) und 100–150 Tagen Vegetationsdauer: kontinentale Nadelwälder.
3. Hochkontinentale Borealklimate (Jahresschwankung > 40 °C) mit ewiger Bodengefrornis, sehr langen, extrem kalten und trockenen

Wintern (kältester Monat unter -25 °C), kurzer, aber ausreichender sommerlicher Erwärmung (wärmster Monat 10–20 °C) und tiefem Auftauboden: hochkontinentale, trockene Nadelwälder.

Vereinfacht werden diese Zonen zu drei Zonen zusammengefasst,

- der Zone der polaren Klimate,
- der Tundrenklimate und
- der kontinentalen Nadelwaldklimate.

Die polaren Klimate

Das Klimadiagramm von McMurdo zeigt deutlich den außerordentlich lebensfeindlichen Charakter dieser Klimazone.

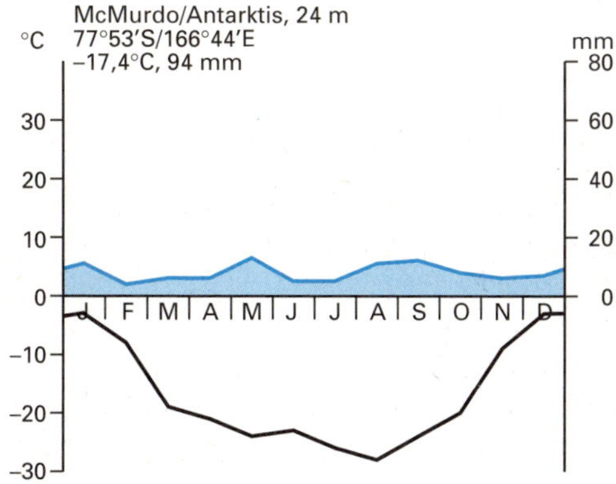

Mit einer Jahresdurchschnittstemperatur von -17,4 °C ist dabei dieser Ort noch keineswegs der kälteste. Die Temperaturamplitude weist hier 24,4 °C auf. Dieser große Temperaturunterschied wird bestimmt durch Polartag und Polarnacht, die in diesem Bereich das Naturgeschehen und damit auch das lokale Klima weitgehend bestimmen. Polartag- und nacht treten in einem Gebiet auf, das vom Pol bis zum Polarkreis reicht. Während des Polartages herrschen 24 Stunden Helligkeit, d. h. in diesem Zeitraum geht die Sonne nicht unter, und während der Polarnacht nicht auf. Sowohl Polartag wic auch Polarnacht dauern an den Polarkreisen jeweils einen Tag, an den Polen sechs Monate. Die Mitteltemperaturen in der Arktis nahe dem Nordpol bei etwa 84 °N betragen -19,2 °C, in der Antarktis ist es deutlich kälter mit -49,3 °C.

Polartag: die Zeit, während der die Sonne länger als 24 Stunden nicht unter den Horizont taucht

Polarnacht: die Zeit, während der die Sonne länger als 24 Stunden nicht über den Horizont auftaucht

Klimatisch wird die polare Zone durch Kältehochs bestimmt, die durch absinkende Luft über den auskühlenden Eismassen sehr stabil sind. Die Niederschlagsmenge ist mit 233 mm recht gering. Die niedrigen Temperaturen sorgen jedoch für eine geringe Verdunstung, so dass diese Zone ganzjährig humid ist.

Das Klima und eine in weiten Bereichen ganzjährig geschlossene Eisdecke verhindern die Bodenbildung, sodass keine höheren Pflanzen wachsen können. Nur wenige Lebewesen existieren in dieser Eiswüste. Sie sind vom Meer als Nahrungsquelle abhängig. Für den Menschen werden die Polarzonen Arktis und Antarktis aus militärisch-strategischen sowie aus wirtschaftlichen Gründen interessant. In der Antarktis sind Metallrohstofflagerstätten vorhanden, deren wirtschaftliche Nutzung zu Beginn des dritten Jahrtausends noch nicht rentabel genug ist.

Die Tundrenklimate

Tundra: polare baumlose Kältesteppe

Die Tundra nimmt den größten Teil der Landflächen der Erde nördlich des nördlichen Nadelwaldgürtels ein. So zieht sich die euroasiatische Tundra als etwa 200 km breiter Streifen von Nordeuropa bis zur Beringstrasse. In der Antarktis gibt es Tundrengebiete in sehr geringem Umfang. Sie kommen aber auch in nichtpolaren Hochgebirgen vor, so zum Beispiel im skandinavischen Gebirge, wo sie als Fjell bezeichnet werden.

Das Klima der Tundra ist durch sehr kalte Winter, niedrige Jahresdurchschnittstemperaturen, geringe Niederschläge und kurze Sommer gekennzeichnet. Die Temperaturamplitude zwischen dem wärmsten und kältesten Monat ist auch hier sehr hoch. Dabei sind im Kontinentinnern die Temperaturgegensätze extremer. Niederschlag kann in allen Jahreszeiten fallen, das Tundrenklima ist humid.

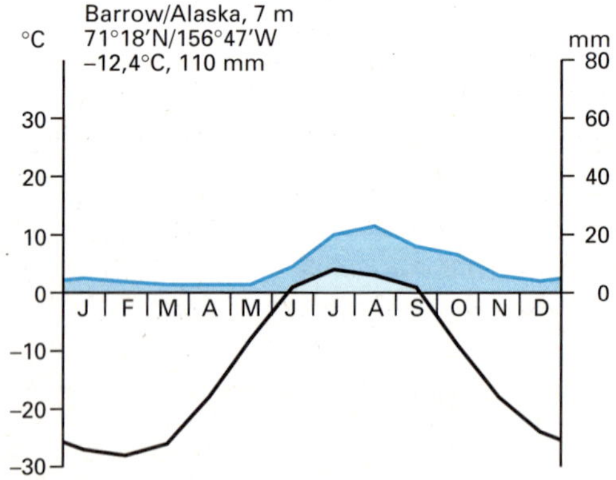

Klimadiagramm Barrow / Alaska

Diese Klimazone weist ein typisches Jahreszeitenklima auf. Die Thermoisoplethen verlaufen weitgehend senkrecht, wie die folgende Abbildung dokumentiert:

Thermoisoplethendiagramm: flächenhafte Isoliniendarstellung, die eine Erscheinung gleichzeitig in zwei Bezügen darstellen kann; hier die Isotherme, die bezüglich des Tages und Jahres dargestellt wird

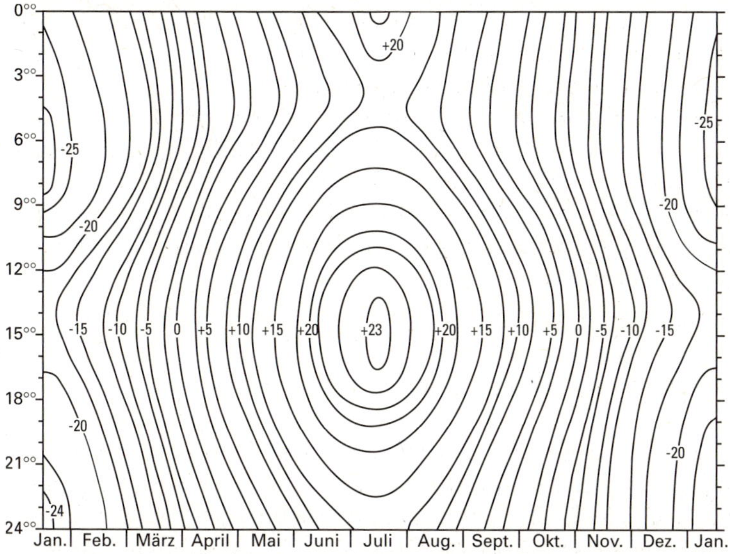

Thermoisoplethendiagramm Irkutsk, 491 m, 52° 16' / 104° 19'
Klaus Müller-Hohenstein: Die Landschaftsgürtel der Erde. Stuttgart 1981, S. 177

Böden. In der Tundra kommt es zur echten Bodenbildung. Dabei wird insbesondere die arktische Tundra stark vom Dauerfrostboden beeinflusst, einer Schicht gefrorenen Unterbodens. Der Oberboden taut im Sommer einige Zentimeter bis Meter auf. Die Kombination von gefrorenem Boden und flachem Gelände führt in der Tundra nach der Schneeschmelze zu ausgedehnten Sumpf- und Moorgebieten, die für die Feuchtigkeit der Pflanzen sorgen und dadurch den geringen Niederschlägen entgegenwirken.

Dauerfrostboden: auch Permafrostboden: ganzjährig bis in große Tiefen gefrorener Boden, der nur im Sommer an der Oberfläche auftaut

Verbreitet in der Tundra sind Gleyböden, insbesondere die Tundrengleye. Die Gleye bilden Standorte nässeverträglicher Pflanzengesellschaften.

An vergleichsweise gut entwässerten Stellen entstehen bei häufigem Frostwechsel Risse im Boden, dic in der Auftauschicht Frostmusterböden mit verschiedenen Strukturen bilden können:

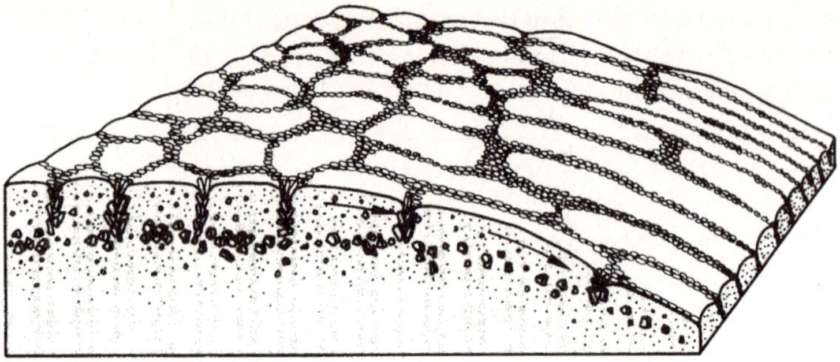

Frostmusterboden
Olbert, G.: Oberflächenformen der Erde. Stuttgart 1984, S.28

Der ständige Wechsel von Gefrieren und Auftauen führt auf weitgehend ebenen Flächen zu einer Materialsortierung, die an dem regelmäßigen Polygonmuster erkennbar ist. Feinerde kann mehr Wasser aufnehmen und dehnt sich beim Gefrieren stärker aus. Die größeren Gesteinsbrocken rutschen an der Seite der Feinerdekerne herab und bilden einen Ring von größeren Gesteinsbrocken. Der gleiche Prozess führt an Hängen im Sommer zur Abwärtsbewegung des Bodens und damit zur Bildung von Solifluktions- oder „Fließerde"-Terrassen.

Solifluktion: Bodenfließen

Vegetation. Im Norden der Tundra herrscht eine spärliche Vegetation aus Sauergräsern, Heidekrautgewächsen, Weiden, Moosen und vor allem Flechten vor. Insgesamt sind es nur wenige Pflanzenarten mit weitgehend niedrigem Wuchs. Die Pflanzen sind an die ungünstigen Bedingungen, kurze Vegetationszeit, karge und vernässte Böden, starke Winde und Schneebedeckung im Winter, angepasst. Der größte Teil ihrer Biomasse findet sich in ausdauernden Teilen der Pflanze, vor allem in der Wurzel. Ein niedriger Wuchs macht die Pflanzen windunempfindlicher und lässt sie im Winter unter der schützenden Schneedecke verschwinden. Ihre Vermehrung konzentriert sich auf die kurze Wachstumsperiode und verläuft oft ohne die Ausbildung von Blüten und Fortpflanzungsorganen durch Knospung. Ihre Stoffwechselprozesse, insbesondere die Fotosynthese haben die Pflanzen an die herrschenden Bedingungen optimiert. Im Süden des Tundrengürtels schließt sich die artenreichere Zwergstrauch-Vegetation an. Zwergbirke und Polarweide wachsen neben Rentierflechten und zahlreichen Ericaceen. Eine weitgehend ähnliche Vegetation findet man in niedrigeren Breiten in den Hochgebirgen oberhalb der Baumgrenze.

Zum den charakteristischen Tieren der Tundra gehören Moschusochsen, Karibus und Rentiere als die vorherrschenden großen Weidetiere, die sich von Süßgräsern, Sauergräsern, Flechten und Weiden ernähren; der Moschusochse ist in seiner Verbreitung sogar auf die

Tundra beschränkt. Rentiere werden von den Samen als Zug-, Reit- und Lasttiere sowie als Nahrung genutzt. Weitere Wirbeltiere der Tundra sind Schneehase, Polarfuchs sowie Lemminge, die bei Massenvermehrung die Tundrenvegetation weitgehend zerstören können. Im Sommer brüten viele Zugvögel in den Sträuchern der Tundra. Stechmücken können sich im sumpfigen Gebiet des Dauerfrostbodens in den kurzen Sommermonaten explosionsartig vermehren. Im Gegensatz zu anderen Stechmückenarten sind diese Arten nicht auf Säugetierblut zur Vermehrung angewiesen.

Samen: auch Lappen: vor allem in Lappland, Norwegen, Schweden, Finnland und dem Westen Russlands ansässige Volksgruppe

Insgesamt ist die Tundra sehr empfindlich gegen jegliche Störung, da es aufgrund der klimatischen Voraussetzungen kaum die Fähigkeit zur Regeneration hat. Deshalb führen menschliche Eingriffe in die Tundra immer wieder zu Störungen des labilen Gleichgewichts und müssen mit großem Aufwand abgesichert werden wie beim Bau der Alaska-Pipeline. Eine Zerstörung der Vegetationsdecke kann zum Auftauen des Permafrostbodens und damit zur Zerstörung des Jahrhunderte alten Bodens führen. Einen gleichen Effekt haben Fahrzeugspuren, in denen die Bodenerosion beschleunigt abläuft. Die Zerstörung des Bodens und das Vordringen des Menschen gefährdet die Biotope der Wildtiere und stört das biologische Gleichgewicht der Tundra.

Die kontinentalen Nadelwaldklimate

Die Zone des kontinentalen oder auch borealen Nadelwalds findet sich nur auf der nördlichen Halbkugel mit ihren großen Landmassen. Der kontinentale Nadelwald Nordasiens oder die Taiga ist das weltweit größte zusammenhängende Nadelwaldgebiet. Die Grenze im Norden ist etwa die 10 °C-Juliisotherme.

Taiga = russisch: Nadelwald

Isotherme: Linie, die Punkte gleicher Temperatur verbindet

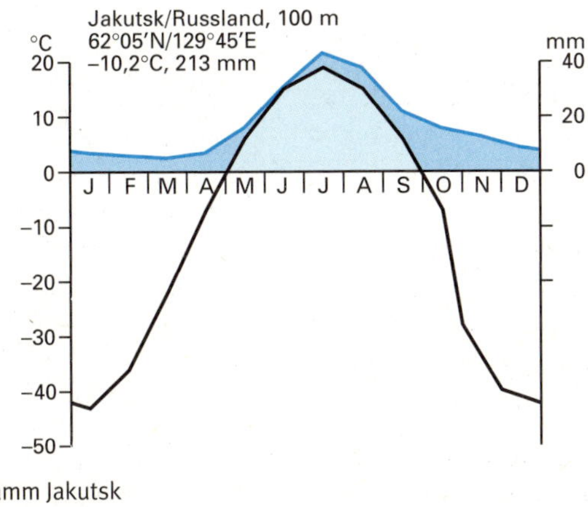

Klimadiagramm Jakutsk

Jakutsk liegt im hoch kontinentalen Bereich der Nadelwaldzone, was an der extrem hohen Temperaturamplitude von 62 °C deutlich wird. Die Vegetationsperiode ist auf weniger als 100 Tage verkürzt. Das kontinentale Hitzetief im Sommer und das Kältehoch des Winters führen zu diesen extremen Temperaturgegensätzen mit äußerst kalten Wintern und heißen, trockenen Sommern. An der West- und Ostseite dieser Landschaftszone ist maritimer Einfluss erkennbar, wobei im Westen Eurasiens der Golfstrom und die vorherrschenden Westwinde für deutlich wärmere Temperaturen sorgen als die kalten Meeresströmungen Ostasiens.

Böden / Vegetation. Im nördlichen Teil der Zone ist immer noch der Permafrostboden anzutreffen, der nach Osten hin weit nach Süden vorstößt. Auf ihm bilden sich wie in der Tundra vor allem in Senken im Sommer ausgedehnte Sumpf- und Moorgebiete. Der extrem nährstoffarme Podsol über Sand oder Sandstein ermöglicht nur eine artenarme, optimal an Klima- und Bodenverhältnisse angepasste Vegetation. Im ozeanischen Gebiet dieser Zone wachsen Fichten und Kiefern, aber auch Moorbirken und Zitterpappeln. Im kontinentalen Osten ist mit der Sibirischen Lärche ein Baum vertreten, der mit dem Abwurf seiner Nadeln optimal an die extremen Temperaturverhältnisse angepasst ist. Bei den Nadelbäumen der kontinentalen Nadelwaldzone ist die Verdunstung durch einen Wachsüberzug der Nadel stark herabgesetzt, sodass die Bäume im Winter nicht vertrocknen. Die Vegetationsperiode dauert 3 bis 4 1/2 Monate, was zu einem sehr langsamen Wachstum der Bäume und damit entsprechend hartem Holz führt. Der Nettozuwachs an Holz ist im Vergleich zu anderen Wäldern gering:

Ø-Werte in t/ha	**Borealer Nadelwald (mittl. Taiga)**	**Buchenwald**	**Subtropischer Feuchtwald**	**Tropischer Regenwald**	**Feuchtsavanne**	**Trockensavanne**
Biomasse des Bestandes	260	370	410	über 500	66,6	26,8
Produktion/Jahr	7	13	24,5	32,5	(12)	7,3
absterbende Biomasse/Jahr	5	9	21	25	(11,5)	7,2
Netto-Zuwachs der Biomasse/Jahr	2	4	3,5	7,5		0,1

Biomassenproduktion verschiedener klimatischer Vegetationsformationen
Wolfgang Weischet: Die ökologische Benachteiligung der Tropen. Stuttgart 1977, S. 43

Zusammenfassung: Kalte Zone

Klimazone	Subzone	wesentliche Klimamerkmale	Mitteltemperatur		Temperatur: Jahres-schwankungen	hygrische Verhältnisse	Verwitterung, Bodenbildungsprozesse	vorherrschende potenzielle Vegetation
			wärmster Monat	kältester Monat				
Kalte Zone	1 Polare Klimate	extrem polare Eisklimate; Inlandeis, Frostschuttgebiete	unter 6 °C		(sehr) hoch	nival	physikalische Verwitterung, minimale Bodenbildung	ohne höhere Vegetation
	2 Tundrenklimate	kurzer, frostfreier Sommer; Winter sehr kalt	6 °C – 10 °C	unter -8 °C	hoch	humid	physikalische Verwitterung, geringe Bodenbildung, Dauerfrostböden	Tundren (z. B. Flechten, Zwergsträucher)
	3a Extrem kontinentale Nadelwaldklimate	extrem kalter, trockener, langer Winter	10 °C – 20 °C	unter -25 °C	mehr als 40 °C	humid	vorherrschend: physikalische Verwitterung, Podsolierung	sommergrüne Nadelwälder (Lärche)
	3b Kontinentale Nadelwaldklimate	lange, kalte, sehr schneereiche Winter; kurze, relativ warme Sommer; Vegetationsperiode: 100 – 150 Tage	10 °C – 20 °C	unter -3 °C	20 °C – 40 °C			immergrüne Nadelwälder (z. B. Fichte, Kiefer)

Hans-Ulrich Bender u. a.: Räume und Strukturen. Stuttgart 1984, S. 12–13

6.2 Die gemäßigte Zone

In der Karte der Jahreszeitenklimate von *Troll* und *Paffen* finden sich für die gemäßigte Zone die zwei Großzonen Waldklimate und Steppen- und Wüstenklimate, die in weitere Subzonen unterteilt sind. Die Grenzwerte für die einzelnen Zonen ziehen *Troll* und *Paffen* folgendermaßen:

Waldklimate

1. Hochozeanische Klimate (Jahresschwankung < 10 °C) mit sehr milden Wintern (kältester Monat 2–10 °C) hohem winterlichem Niederschlagsmaximum und kühlen bis mäßig warmen Sommern (wärmster Monat unter 15 °C): immergrüne Laub- und Mischwälder.
2. Ozeanische Klimate (Jahresschwankung < 16 °C) mit milden Wintern (kältester Monat über 2 °C), Herbst- und Wintermaximum der Niederschläge und mäßig warmen Sommern (wärmster Monat unter 20 °C): ozeanische Falllaub- und Mischwälder.
3. Subozeanische Klimate (Jahresschwankung 16–25 °C) mit milden bis mäßig kalten Wintern (kältester Monat +2 bis -3 °C) Herbst- bis Sommerniederschlagsmaximum, mäßig warmen bis warmen und langen Sommern und einer Vegetationsdauer von über 200 Tagen: subozeanische Falllaub- und Mischwälder.
4. Subkontinentale Klimate (Jahresschwankung 20–30 °C) mit kalten Wintern (kältester Monat -3 °C bis -13 °C) und ausgeprägter Winterruhe, mit mäßig warmen Sommern (wärmster Monat meist unter 20 °C), sommerlichem Niederschlagsmaximum und einer Vegetationsdauer von 160–210 Tagen: subkontinentale Falllaub- und Mischwälder.
5. Kontinentale, winterkalte und schwach wintertrockene Klimate (Jahresschwankung 30 bis 40 °C, kältester Monat -10 bis -20 °C) mit mäßig warmen und mäßig feuchten Sommern (wärmster Monat 15–20 °C) und einer Vegetationsdauer von 150–180 Tagen: kontinentale Falllaub- und Mischwälder sowie Waldsteppen.
6. Hochkontinentale, winterkalte und wintertrockene Klimate (Jahresschwankung meist 40 °C, kältester Monat -10 bis -30 °C) mit kurzen, warmen und feuchten Sommern (wärmster Monat über 20 °C) hochkontinentale Falllaub- und Mischwälder sowie Waldsteppen.
7. Sommerwarme und sommerfeuchte Klimate (Jahresschwankung 25–35 °C) mit mäßig kalten, aber trockenen Wintern (kältester Monat 0 °C bis -8 °C; wärmster Monat 20–26 °C):wintertrockene

und winterharte, Wärme liebende Falllaub- und Mischwälder sowie Waldsteppen.

7. a) Sommerwarme und sommertrockene Klimate mit mildem bis mäßig kaltem, aber schwach feuchtem Winterhalbjahr (kältester Monat +2 °C bis -6 °C; wärmster Monat 20–26 °C): mild temperierte bis winterharte, Wärme liebende Trockenwälder und Waldsteppen.
8. Sommerwarme, ständig feuchte Klimate (Jahresschwankung 20–30 °C) mit milden bis mäßig kalten Wintern (kältester Monat +2 °C bis -6 °C); wärmster Monat 20–26 °C): feuchte, Wärme liebende Falllaub- und Mischwälder.

Steppen- und Wüstenklimate:

9. Winterkalte Feuchtsteppenklimate mit sechs und mehr humiden Monaten und Wachstumszeit im Frühjahr und Frühsommer (kältester Monat unter 0 °C) kraut- und staudenreiche Hochgrassteppen.

9. a) Wintermilde Feuchtsteppenklimate (kältester Monat über 0 °C).

10. Winterkalte, sommerdürre Trockensteppenklimate mit weniger als sechs humiden Monaten (kältester Monat unter 0 °C): Kurzgras-, Zwergstrauch- und Dornsteppen.

10.a) Wintermilde, sommerdürre Trockensteppenklimate (kältester Monat +6 °C bis 0 °C): Gras-, Zwergstrauch- und Dornsteppen.

11. Winterkalte und wintertrockene, sommerfeuchte Steppenklimate (kältester Monat unter 0 °C): zentral- und ostasiatische Gras- und Zwergstrauchsteppen.

12. Winterkalte Halbwüsten- und Wüstenklimate (kältester Monat unter 0 °C) winterkalte Halb- und Vollwüsten.

12.a) Wintermilde Halbwüsten- und Wüstenklimate (kältester Monat +6 bis 0 °C): wintermilde Halb- und Vollwüsten.

Für den alltäglichen Gebrauch in Klimakarten wird diese ausführliche Gliederung der gemäßigten Zone auf sechs Zonen verkürzt:

4. Waldklimate
   - 4a. Ozeanische Klimate
   - 4b. Kühlgemäßigte Übergangsklimate
   - 4c. Kontinentale und extrem kontinentale Klimate
   - 4d. Sommerwarme Klimate der Ostseiten
5. Winterkalte Steppenklimate
6. Winterkalte Halbwüsten und Wüstenklimate

Waldklimate der gemäßigten Breiten

Diese Geozone fehlt auf der südlichen Halbkugel weitgehend, während sie auf der nördlichen Hemisphäre in einem weitgehend breitenkreisparallelen Gürtel angeordnet ist. „Gemäßigt" ist für diese Klimazone kein allzu treffender Ausdruck, da man Jahresschwankungen in der Temperatur von bis zu 35 °C beobachten kann. Die große räumliche Erstreckung dieser Zone und die Differenz in der Jahrestemperatur zwischen beiden angrenzenden Zone mit 15–20 °C macht es notwendig, diese Zone weiter zu differenzieren.

Die folgenden Klimadiagramme verdeutlichen diese Differenzierung:

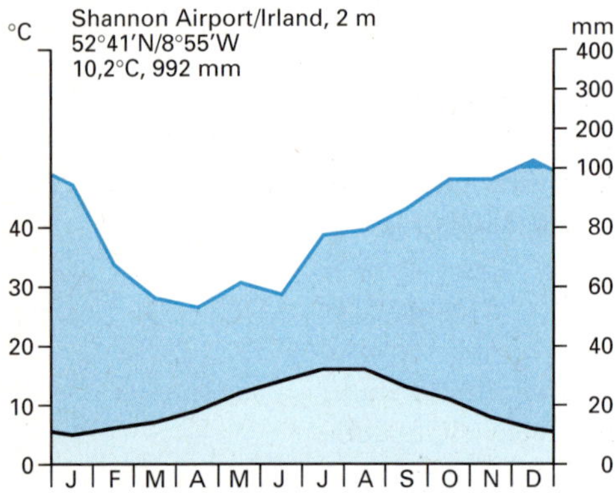

Klimadiagramm der ozeanischen Klimate

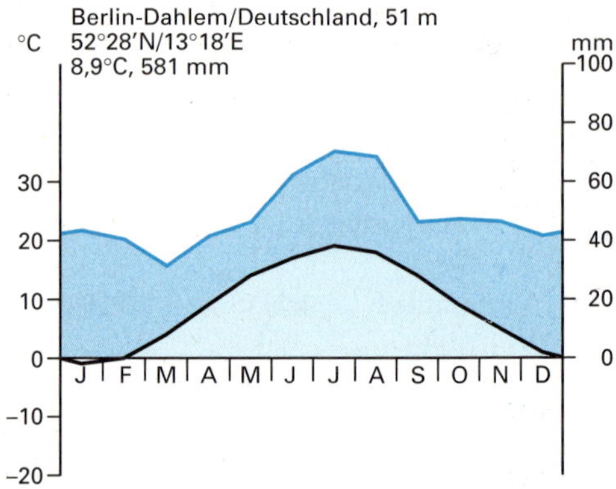

Klimadiagramm der kühlgemäßigten Übergangsklimate

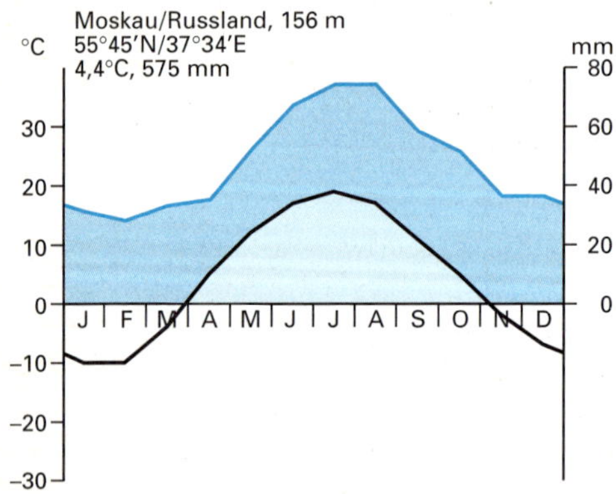

Klimadiagramm der kontinentalen und extrem kontinentalen Klimate

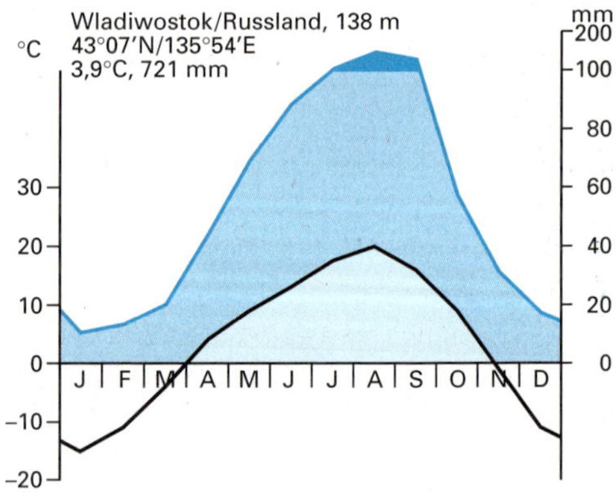

Klimadiagramm der sommerwarmen Klimate der Ostseiten

Deutlich ist an diesen Klimadiagrammen der Unterschied zwischen einem ozeanischen und kontinentalen Klima erkennbar.

Ozeanisch, auch maritim: vom Meer beeinflusstes Klima küstennaher Regionen

Kontinental: Klima in küstenfernen Regionen

Das ozeanische Klima von Shannon weist kühle Sommer und milde Winter auf, seine Temperaturamplitude ist klein und es ist ganzjährig humid.

Berlin hingegen weist ein Übergangsklima zwischen dem ozeanischen Klima und dem Kontinentalklima Moskaus auf: Mäßig warme Sommer, kühle Winter, eine größere Temperaturamplitude und eine ganzjährige Humidität zeichnen es aus.

Die Kennzeichen des Kontinentalklimas von Moskau sind: Warme Sommer, die weiter nach Osten hin noch trockener werden, kalte, schneearme Winter und in diesem Fall eine ganzjährige Humidität.

Die Ursachen für diesen deutlichen Wandel von West nach Ost liegen in den Windgürteln und Meeresströmungen. Ganzjährig wird die Westseite Europas bis hoch in den Norden hinauf mit dem relativ warmen Wasser des Golfstroms versorgt. So verschieben sich in einem küstenparallelen Streifen die Klimazonen nordwärts. Im Vergleich zur nordamerikanischen Ostküste findet sich an der norwegischen Westküste etwa auf der Höhe Trondheims noch das ozeanische Klima der gemäßigten Zone, während in Labrador an der nordamerikanischen Ostküste schon Tundrenklima anzutreffen ist. Ursache für diese Differenz sind zwei unterschiedliche Meeresströmungen: der nach Norden gerichtete Golfstrom auf der Ostseite des Atlantiks und der kalte Labradorstrom, der vom Nordpolarmeer westlich von Grönland weit nach Süden vorstößt.

Das Wasser vor der Küste West- und Nordeuropas wird zwar im Sommer nur sehr langsam erwärmt, speichert aber die Wärme lange und gibt sie im Winter allmählich ab und erwärmt so die küstennahe Region.

Mit den zyklonalen Westwinden werden ganzjährig Feuchtigkeit, aber auch Wärme ins Innere des Kontinents transportiert. Je weiter diese Luftmassen nach Osten vorankommen, desto mehr Wasser verlieren sie und desto trockener wird das Klima. Die außertropischen Windgürtel verschieben sich mit der Verlagerung der ITC. Im Winter stoßen die zyklonalen Westwinde nach Süden bis zum Mittelmeer vor und die polaren Ostwinde bis Mittelskandinavien. Im Nordsommer dagegen kann sich das subtropisch-randtropische Azorenhoch bis weit nach Norden erstrecken und die zyklonalen Westwinde nordwärts abdrängen.

Ganz anders sind die Verhältnisse im Innern von Eurasien. Im Sommer erwärmt sich die asiatische Landmasse sehr stark. Über ihr bildet sich ein gewaltiges Hitzetief aus. Im Winter kühlt sie sehr stark ab und führt zu hohem Luftdruck am Boden. Diese beiden quasi stationären Druckgebilde stören den Polarfrontjet.

Auf der Ostseite des Kontinents bildet sich ein anderes Klima heraus, wie dies am Beispiel Wladiwostoks deutlich erkennbar ist: im Nordsommer liegt diese Region im Bereich des Südostmonsuns: vom nordpazifischen Hoch wehen Wind über das japanische Meer auf das kontinentale Tiefdruckgebiet zu. Sie bringen Wärme und reichlich Feuchtigkeit an die Ostküste.

Im Winter weht vom zentralasiatischen Hoch eine trockene und kalte Luft Richtung Pazifik und sorgt für niedrige Temperaturen und wenig Niederschlag.

Böden. Die charakteristischen Böden dieser Zone sind die Braunerden. Da sowohl chemische wie auch physikalische Verwitterung in einem ausgewogenen Verhältnis zueinander stehen, können sich Braunerden vor allem auf Silikatgesteinen entwickeln, während Parabraunerden auf karbonathaltigem Gestein bevorzugt entstehen. Mit ausreichender Düngerzufuhr sind die Braunerden gute bis sehr gute Ackerböden.

Vegetation. Für die Waldklimate sind sommergrüne Laubwälder, die in der kalten Jahreszeit ihre Blätter verlieren, typisch. Allerdings handelt es sich dabei meist nicht um reine Laubwälder, beispielsweise aus Buchen oder Eichen, sondern um Mischbestände mit überwiegend Laubbäumen, zu denen Nadelhölzer hinzukommen. Deshalb spricht man meist auch von Mischwäldern, z. B. von Laubmischwäldern.

In den Mittelgebirgslagen dominieren in den Höhenlagen die Nadelbäume und hier insbesondere die Fichte.

Das Verbreitungsgebiet der sommergrünen Laubwälder beschränkt sich fast ausschließlich auf die nördliche Hemisphäre, wobei sich drei Hauptverbreitungsgebiete unterscheiden lassen.

In Europa erstreckt sich die Zone der Laub- und Mischwälder von den Britischen Inseln über Frankreich, Mittel- und Osteuropa bis zum Ural. Im Fernen Osten sind sommergrüne Laubwälder in der Mandschurei, in Korea und in Japan zu finden. In Nordamerika erstrecken sie sich südlich der Großen Seen in östliche Richtung bis zum Atlantischen Ozean sowie bis zum Golf von Mexiko.

Die Laubmischwälder sind artenreiche, meist aus drei Schichten aufgebaute Wälder:

Am Boden eine dichte Krautschicht aus Gräsern, ein- und mehrjährigen Kräutern, Farnen, Moosen, Flechten und Pilzen. Darüber die aufgelockerte Strauchschicht, die beispielsweise von Schwarzem

Holunder, Haselnuss und Eberesche gebildet wird und etwa drei Meter Höhe erreicht. Die Baumschicht schließlich kann bis zu 40 m Höhe erreichen und ist in Stamm und Kronenschicht gegliedert. In einem Mitteleuropäischen Laubwald gehören zu den typischen Bäumen Buche, Eiche und Kiefer. Allerdings sind ursprüngliche Wälder in Mitteleuropa kaum noch anzutreffen. Die einstmals flächendeckenden Wälder hat der Mensch durch Rodungen sehr stark dezimiert.

An den Ostseiten der Kontinente sorgen monsunale Winde für reichlich Regen im Sommer. Gleichzeitig hohe Niederschlagsmengen und relativ hohe Temperaturen lassen dichte, von immergrünen Arten dominierte Wälder entstehen. So bilden sich hier Wälder aus Eichen, Ulmen, Ahorn, Linden und Hainbuchen mit einem erheblichen Anteil an Nadelbäumen. Ferner sind Ginkgo, Götterbaum und Zaubernuss häufig anzutreffen.

Die berühmten Küstenmammutbäume, die einen Teil des Baumbestandes der Wälder an der nebligen Küste Kaliforniens ausmachen, gehören zu den immergrünen Wäldern an den Westküsten mit gemäßigtem Klima.

Steppen- und Wüstenklimate der gemäßigten Breiten

Der Begriff Steppe wird in der Umgangssprache recht undifferenziert genutzt. Vegetationsgeographisch beschreibt der Begriff Steppe die baumlosen außertropischen Grasländer. Bäume können dort aufgrund klimatischer Gegebenheiten nicht mehr wachsen, weil entweder die Niederschläge mit weniger als 400–500 mm zu gering sind oder die Vegetationsperiode insgesamt zu kurz ist.

Steppe: meist baumlose, außertropische Graslandschaft

Karaganda liegt im Übergangsgebiet von der winterkalten Steppe zur winterkalten Wüste:

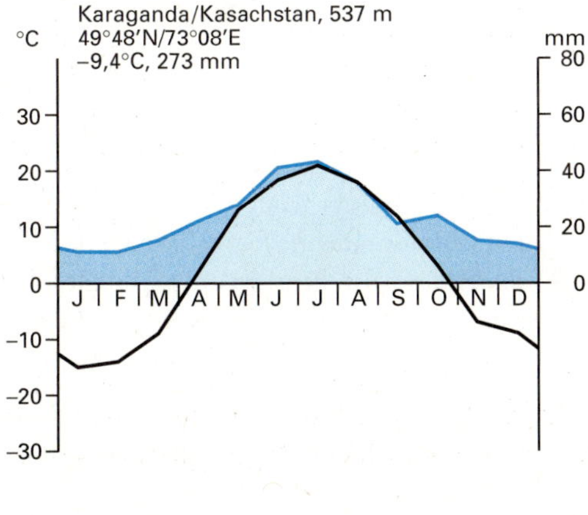

Sehr warme Sommer und ebenso kalte Winter kennzeichnen den Temperaturgang, der damit eine große Temperaturamplitude aufweist. Auffallend ist der rasche und kräftige Anstieg der Temperatur im Frühjahr. Das sommerliche Hitzetief über Asien und das winterliche Kältehoch bestimmen Temperaturgang und Niederschlagsverhalten. Zyklonale Westwinde dringen, wenn überhaupt, nur noch sehr abgeschwächt so weit nach Osten vor. Die Niederschläge des Sommers sind Konvektionsniederschläge und von Gewittern begleitet. Der Spätsommer und Frühherbst ist arid. Die restliche Zeit des Jahres ist zwar humid, doch liegt die Niederschlagskurve nur wenig über der Temperaturkurve. Dürreperioden sind bei geringeren Niederschlägen wahrscheinlich.

Böden. Die Böden der Steppenzone gehören zu den fruchtbarsten Böden weltweit, den Schwarzerdeböden mit ihrem großen Humusanteil, die Kastanienerdeböden, die sich im semiariden Bereich bilden und ihren Namen von der charakteristischen Esskastanienfarbe ableiten. Diese Böden sind nicht ganz so fruchtbar wie die Schwarzerden, da infolge der längeren Trockenheit weniger Pflanzenmaterial anfällt und auch die Aktivität der im Boden wühlenden Tiere in der Trockenheit sehr stark eingeschränkt ist. In der winterkalten Halbwüste sind graue Böden, Serosem genannt, hauptsächlich anzutreffen. In dem ausgeprägt ariden Klima dieser Gebiete fallen geringe Mengen pflanzlicher Substanz an, so dass die Humusbildung gering ist.

Vegetation. Das Klima der winterkalten Steppen- und Wüstengebiete lässt eine Vegetationsperiode von vier bis fünf Monaten zu, die weniger durch die Temperatur, als durch fehlende Niederschläge eingeschränkt wird. Auch wenn in den sommerfeuchten Steppen der Niederschlag für ein flächendeckendes Wachstum von Bäumen nicht mehr ausreicht, so produzieren die Gräser mit 6–11 t/ha viel Biomasse. Die Verdunstung durch die Gräser ist so hoch, dass für anderen Pflanzen wenig Wasser im Boden zurückbleibt. Wird das Klima trockener, bilden die Pflanzen tiefere Wurzeln aus, um an tiefer liegende Grundwasservorräte zu gelangen. Hier beträgt die Biomassenproduktion etwa 2,5–4 t/ha. Begrenzend für die Vegetation wirkt sich auch die Variabilität der Niederschläge aus. Trotz dieser eingeschränkten Voraussetzungen sind die Steppengebiete Gunsträume der Landwirtschaft aufgrund der fruchtbaren Böden. Die weiten flachen Ebenen eignen sich für eine mechanisierte Feldbearbeitung. Typische Beispiele dafür sind die Prärien oder „Great Plains“ in den USA und die Steppen Kasachstans. Beide Kornkammern zeigen aber auch sehr deutlich, dass der Mensch durch unsachgemäße Nutzung die labilen Ökosysteme der Steppe dauerhaft gefährden kann.

Variabilität: damit beschreiben Klimatologen die Schwankungen in der jährlichen bzw. monatlichen Niederschlagsmenge über mehrer Jahre. Je höher die Variabilität ist, desto größer ist die Gefahr von Dürrejahren.

Die Naturkatastrophe des „Dust bowl“ verfrachtete mit dem Wind 1934 über 3 000 Millionen Tonnen Boden. Zu den destabilisierenden Faktoren der Bodenerosion gehören die Dauernutzung durch Getreidemonokulturen und dem damit verbundenen Aufbrechen der intakten Vegetationsdecke, sowie die Zerstörung der obersten Bodenschicht durch agrarische Nutzfahrzeuge, die die Pflanzendecke zerstören und tiefe Fahrrinnen hinterlassen, an denen die Erosion ansetzen kann. Mit besseren Bodenbearbeitungsmethoden wie dem strip cropping (Fruchtwechsel), dem contour ploughing, also dem hangparallelen Pflügen und der Anlage von Windschutzstreifen versucht man der Bodenerosion Einhalt zu gebieten.

Klimazone	Subzone	Wesentliche Klimamerkmale	Mitteltemperatur		Temperatur: Jahresschwankungen	Hygrische Verhältnisse	Verwitterung, Bodenbildungsprozesse	Vorherrschende, potenzielle Vegetation
			Wärmster Monat	Kältester Monat				
Gemäßigte Zone	Waldklimate 4a Ozeanische Klimate	Milde Winter, mäßig warme Sommer	Unter 20 °C	Über 2 °C	Unter 16 °C	humid	Ausgewogenes Verhältnis von physikalischer und chemischer Verwitterung; Entstehung von Braunerden, Parabraunerden und Übergangsbildungen; bei 4c: Dauerfrostböden, Gley- und Podsolböden	Überwiegend sommergrüne Laubwälder, Mischwälder
	4b kühl-gemäßigte Übergangsklimate	Milde bis mäßig kalte Winter, mäßig warme bis warme Sommer; Vegetationsperiode über 200 Tage	Meist 15 °C bis 20 °C	2 °C bis -3 °C	16 °C bis 25 °C			Sommergrüne Laubwälder, Mischwälder (z. B. Buche, Eiche, Fichte)
	4c kontinentale und extrem kontinentale Klimate	Kalte, lange Winter; Vegetationsperiode bei hoher Kontinentalität 120-150 Tage, sonst bis 210 Tage	15 °C bis über 20 °C	-3 °C bis -30 °C	20 °C bis 40 °C	Überwiegend humid		
	4d Sommerwarme Klimate der Ostseiten	Generell wärmer als 4c, enge Beziehung zu den südlich anschließenden Subtropen	20 °C bis 26 °C	2 °C bis -8 °C	20 °C bis 35 °C			
	Steppenklimate 5 Winterkalte Steppenklimate	Winterkälte und Trockenheit im Sommer engen die Vegetationsperiode ein: selten über 180 Tage	Meist über 20 °C	Meist unter 0 °C	Hoch	5 bis 7 humide Monate	Bildung der humusreichen Schwarzerden. Mit zunehmender Trockenheit: Abnahme der chem. Verwitterung, des Humusgehalts und der Tonmineralbildung: kastanienbraune Böden, Wüstenböden	Gras- und Zwergstrauchsteppen
	6 Winterkalte Halbwüsten- und Wüstenklimate	Niederschläge geringer als bei 5				Semiarid, arid		Halbwüste, Wüste

Hans-Ulrich Bender u. a.: Räume und Strukturen. Stuttgart 1984, S. 12–13

6.3 Die Subtropen

Die Subtropen gehören noch zu der gemäßigten Zone. Gemeinsame Merkmale der subtropischen Klimazonen sind die Ausbildung von Jahreszeiten und milde Winter.

Troll und *Paffen* untergliedern die Subtropen in sieben weitere Zonen:

Subtropen: die von den Tropen polwärts anschließende, weitgehend breitenkreisparallele Zone zwischen den Wendekreisen und etwa 45°

Warmgemäßigte Zonen (Subtropen i. w. S.)

Alle Ebenen- und Hügellandklimate wintermild, d.h. kältester Monat 13°–2°C, auf der Südhalbkugel 6°–13°C.

1. Winterfeucht-sommertrockene Klimate vom mediterranen Typus (meist mehr als fünf humide Monate): subtropische Hartlaub- und Nadelgehölze.
2. Winterfeucht-sommerdürre Steppenklimate (meist weniger als fünf humide Monate): subtropische Gras- und Strauchsteppen.
3. Kurz sommerfeuchte und wintertrockene Steppenklimate (weniger als 5 humide Monate): subtropische Dorn - und Sukkulentensteppen.
4. Lang sommerfeuchte und wintertrockene Klimate (meist sechs bis neun humide Monate): subtropische Kurzgrassteppen und hartlaubige Monsunwälder und -waldsteppen.
5. Halbwüsten- und Wüstenklimate ohne strenge Winter, aber meist mit vorübergehenden oder Nachtfrösten (meist weniger als zwei humide Monate): subtropische Halbwüsten und Vollwüsten.
6. Ständig feuchte Graslandklimate der Südhemisphäre (zehn bis zwölf humide Monate): subtropische Hochgrasfluren.
7. Ständig feuchte und sommerheiße Klimate mit sommerlichem Niederschlagsmaximum: subtropische Feuchtwälder (Lorbeer- und Nadelgehölze).

In der gebräuchlichen Klimakarte von *Troll* und *Paffen* werden vier Subzonen unterschieden:

- subtropische Winterregengebiete (entspricht 1)
- subtropische Sommerregengebiete (entspricht 6 und 7)
- wintermilde Steppen (entspricht 2, 3 und 4)
- subtropische Halbwüsten und Wüsten (entspricht 5)

Die subtropischen Winterregengebiete

Mittelmeerklima: auch mediterranes Klima, das charakteristische Klima des Mittelmeerraumes

Die subtropischen Winterregengebiete, auch als Gebiete mit Mittelmeerklima bezeichnet, liegen an der Westseite der Kontinente. Ihr Kennzeichen sind warme, trockene Sommer und feuchte, milde Winter. Im Sommer liegen diese Regionen im Einflussbereich der subtropisch-randtropischen Hochdruckzellen mit trockener Tropikluft. Nur selten treten in der ariden Jahreszeit Wärmegewitter und Konvektionsniederschläge auf. Im Winter dagegen wird dieser Bereich von den Zyklonen der Westwindzone beeinflusst und mit ausreichend Niederschlag versorgt. Nach den im Ostteil des Mittelmeeres dominierenden Nordostwinden, den Etesien, ist auch der Begriff Etesienklima üblich.

Hygrische Jahreszeiten beziehen sich auf den Niederschlag (und nicht auf die Temperatur). In der ariden Jahreszeit überwiegt die Verdunstung den Niederschlag, in der humiden ist der Niederschlag größer als die potenzielle Verdunstung

Es können also zwei hygrische Jahreszeiten unterschieden werden. Dies wird sehr deutlich am Klimadiagramm von Neapel:

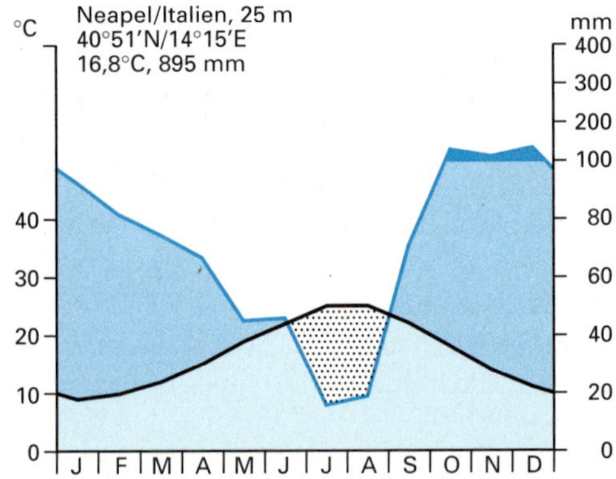

Böden. Relativ hohe Niederschläge im Winter und meist über 0 °C liegende Temperaturen begünstigen die chemische Verwitterung. In den trockenen Sommermonaten ist der Bodenbildungsprozess eingeschränkt. Auf Kalkgestein bilden sich Gelb- und Roterden (Terra rossa) mit einem wenig entwickelten A-Horizont und darunter einem bis zu zwei Meter mächtigen B-Horizont. Ein hoher Anteil an Fe^{3+}-Oxid färbt den Boden leuchtendrot. Der Gehalt und die Speicherfähigkeit von Nährelementen ist mäßig bis gut, ebenso die Durchlüftung und das Wasserhaltevermögen. Braunlehme (Terra fusca) bilden sich über silikatreichen Gesteinen.

Vegetation. Die subtropische Winterregenzone ist die einzige Zone, in der die Vegetationszeit, die von der Temperatur abhängig ist, mit einer Trockenzeit zusammenfällt. Im Winter sind zwar ausreichend Niederschläge vorhanden, doch die niedrigen Temperaturen hemmen das Wachstum.

An diese klimatischen Voraussetzungen sind viele Pflanzen dieser Zone als Hartlaubgewächse besonders angepasst. Gegen die hohe Verdunstung im Sommer schützen sie sich durch

- eine kurze Vegetationsdauer im Frühsommer,
- Reduktion der Blattflächen,
- Behaarung der Blätter,
- eine Wachsschicht oder einen öligen Überzug,
- lederartige Verdickungen der Blätter,
- eine dicke Borke der Bäume.

Typische Vertreter der Hartlaubgewächse sind Ölbaum (Olivenbaum), Lorbeer und Oleander. Der Ölbaum ist die typische Pflanze des Mittelmeergebietes. Die Nordgrenze seines Verbreitungsgebietes kennzeichnet den Nordrand des Mittelmeerklimas.

Bei der heutigen Hartlaubvegetation – etwa Kork-, Steineichen- oder Lorbeerwäldern – handelt es sich meist um Degradationsformen ehemaliger Hartlaubwälder.

Degradation = lateinisch: Herabsetzung

Die Macchie ist eine Degradationsform der natürlich vorkommenden Hartlaubwälder. Sie kann allerdings auch natürlich vorkommen. Sie besteht aus Sträuchern und Baumsträuchern und erreicht eine Höhe von etwa drei Metern. Ein Grund für ihre Entstehung war die Niederwaldwirtschaft seit der Antike. Die im Hartlaubwald vorherrschenden Eichen waren als Bauholz nicht nutzbar. Deshalb wurden sie dicht über dem Boden geschlagen und als Feuerholz genutzt. Die am Baumstumpf entstehenden Stockausschläge konnten als Bauholz genutzt werden. Eine weitere Ursache für die Degradation war die Brandrodung der Bauern, die damit ihre Weideflächen vergrößerten. Damit war der ohnehin nur dünne Boden der Erosion schutzlos ausgesetzt und im Winterhalbjahr wurden die flachgründigen Böden abgespült. Übrig blieb das nackte Gestein, meist Kalkstein mit den typischen Karstformen.

Macchie: italienischer Name für eine dichte Buschvegetation aus Hartlaubgewächsen

Die Macchie stellt heute den „natürlichen" Vegetationstyp in weiten Teilen des Mittelmeergebiets dar. Bemerkenswert ist ihr Artenreichtum: der Erdbeerbaum (Arbutus unedo), der Immergrüne Schneeball (Viburnum tinus), der Mastixstrauch bzw. die Pistazie (Pistacia lentiscus), der Johannisbrotbaum (Ceratonia siliqua), der Ginster (Genista), Zistrosen (Cistus) und die Myrte (Myrtus communis) gehören zu den bekannteren Gewächsen.

Rosmarin (Rosmarinus officinalis), Salbei (Salvia) und Lavendel (Lavandula) sind vom Menschen genutzte Kräuter der Macchie.

Der Macchie ähnlich, durch anhaltende Überweidung aber noch stärker degradiert, ist die nur ein bis zwei Meter hohe Garigue (auch Garrigue), die besonders im Süden Frankreichs anzutreffen ist. Im gesamten Mittelmeerraum sind weitere Formen dieses Vegetationstyps anzutreffen, so z. B. als Phrygana (in Griechenland) oder Tomillares (auf der Iberischen Halbinsel), aber auch in den anderen Gebieten mit Mittelmeerklima, so beispielsweise in Kalifornien, wo dieser Typ Chaparral genannt wird.

Die subtropischen Sommerregengebiete

Das Klimadiagramm von Shanghai zeigt sehr deutlich die klimatischen Merkmale dieser Landschaftszone, die an der Ostseite der Kontinente zu finden ist:

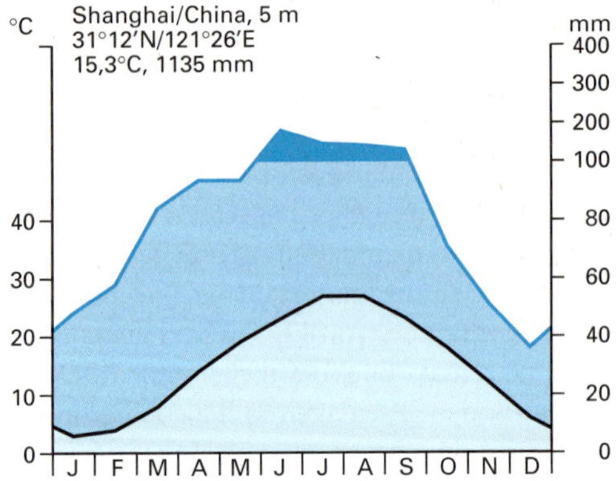

Ein ausgeprägtes sommerliches Niederschlagsmaximum charakterisiert das ganzjährig humide Klima. Im Sommer bringen die auflandigen Südost – Monsune viel Niederschlag. Im Winter wird Shanghai noch von den weit nach Süden ausgreifenden außertropischen Zyklonen der pazifischen Frontalzone gestreift und mit Niederschlag versorgt.

Böden. Wie im Mittelmeerklima der Westseiten überwiegen die Rot- und Gelberden.

Vegetation. Das Zusammenwirken der hohen Niederschlagsmengen und der vergleichsweise milden Temperaturen förderte das Entstehen dichter Wälder, in denen immergrüne Arten, sowohl Laub- als auch Nadelbäume, dominieren. Charakteristische Pflanzen sind Lorbeer, Pinie, Kampfer, der Teebaum und natürlich Bambus. Aus dieser Klimazone stammt die Apfelsine, die mit Bewässerung auch im Mittelmeerklima wächst.

Viele der Bäume erreichen, wie in den Regenwäldern der Tropen, eine enorme Größe und Epiphyten sind weit verbreitet. Da in diesen Wäldern mehr Licht durch die Baumkronen dringen kann als in den Tropen, ist hier die Vegetation in der Strauchschicht und am Boden besser entwickelt.

Epiphyten: Pflanzen, z. B. Farne und Orchideen, die auf anderen Pflanzen, insbesondere Bäumen, wachsen, ohne selbst Kontakt zum Boden zu haben

Die subtropischen Trockengebiete: Halbwüsten und Wüsten

Diese Gebiete sind durch voll- oder semiaride Verhältnisse gekennzeichnet. Weltweit nehmen die Trockengebiete etwa 36 % der Erdoberfläche ein. Grundsätzlich ist in diesen Gebieten die jährliche Verdunstung größer als der Niederschlag.

Die Wüsten werden nach ihrer Entstehung gegliedert:

- Passatwüsten oder Wendekreiswüsten bilden sich dort, wo in den subtropisch-randtropischen Hochdruckzellen die Luft absteigt und sich dabei erwärmt. Die relative Luftfeuchtigkeit sinkt und am Boden divergiert die trockene Luft, ohne zu Niederschlägen zu führen. Beispiele für diesen Typ sind die nordafrikanische Sahara, die Arabische Wüste oder die zentralaustralischen Wüsten.
- Leewüsten bilden sich im Regenschatten von Gebirgen, so die nordamerikanischen oder zentralasiatischen Wüsten.
- Küstenwüsten wie die Atacama an der Westküste Südamerikas oder die Namib an der Westküste Afrikas entstehen, weil sie im Bereich ablandiger Passate liegen. Diese treiben das erwärmte Wasser kalter Meeresströmungen von der Küste weg. Strömt dann kaltes Wasser nach, bildet sich über den kalten Wasserflächen durch Abkühlung der warmen Passatluftmassen Nebel. Der Seewind bringt den Nebel an die Küste, wo er am Küstengebirge in etwa 500 – 700m Höhe zu Wassertropfen kondensiert. Dort bildet sich dann eine spärliche Vegetation, in der Atacama mit Eukalyptusbäumen aus.

Lee bezeichnet die dem Wind abgewandte Seite, Luv die dem Wind zugewandte.

Nebel: kondensierter Wasserdampf in der untersten, bodennahen Luftschicht

Das subtropische Wüstenklima:

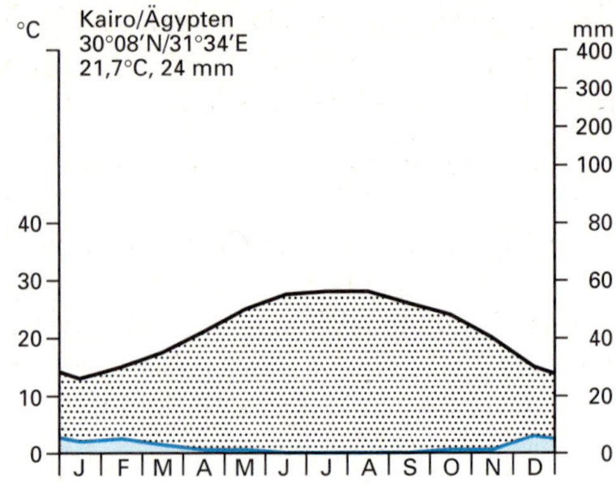

Das Klimadiagramm von Kairo beschreibt die extremen klimatischen Verhältnisse eines subtropischen Wüstenklimas: durchweg hohe Temperaturen und ganzjährige Aridität. Die Jahreniederschlagsmenge ist gering. Die spärlichen Niederschläge fallen im Winter, wenn die Zyklonen des Polarfrontjets weit nach Süden vordringen. Dies geschieht allerdings mit einer hohen Variabilität.

Aufgrund der hohen Temperaturen, der hohen täglichen Temperaturamplitude infolge der starken Einstrahlung am Tage und der großen Ausstrahlung in der Nacht sowie aufgrund des fehlenden Wasser überwiegt die physikalische Verwitterung. Zusammen mit dem Wind werden die typischen Wüstenformen gebildet:

- Hamada, eine Steinwüste mit kantigen, unregelmäßig geformten Steinen, die dann entsteht, wenn aus verwitterten flach lagernden Gesteinen das Feinmaterial durch den Wind herausgeblasen wird;
- Serir, die fossile Kieswüste: Ihre Kiesel entstanden durch oberflächlich abfließendes Wasser in feuchteren Klimaperioden, die vor mehr als 10 000 Jahren auftraten.
- Sandwüsten entstehen in Beckenlandschaften dort, wo das vom Wind transportierte Feinmaterial abgelagert wird. Vielfältige Dünenlandschaften entstehen, wobei die sichelförmigen Barchane am ehesten der gängigen Vorstellung einer Düne entsprechen.
- Das Flussnetz der Wadis ist ebenfalls fossil und in feuchteren Klimaperioden gebildet worden.
- Salztonebenen bilden sich dort aus, wo die episodischen Rinnsale zusammenfließen. Die hohe Temperatur lässt das Wasser rasch verdunsten. Zurück bleiben die gelösten Teilchen wie Salze, die sich dann am Boden ansammeln.

Düne: regelmäßig oder unregelmäßig ausgeprägter kleiner Hügel aus Sand

Wadi: meist trockenes Tal in der Wüste, durch das nur selten ein Fluss fließt

Episodisch: unregelmäßig, selten

Böden. Physikalische Verwitterung bestimmt aufgrund der fehlenden Niederschläge die spärliche Bodenbildung. Vorherrschend sind Wüstenrohböden wie der Serosem mit einer Schutt- und Schotterauflage. Die hohe Verdunstung führt zur Anreicherung von Kalk und Salz an der Oberfläche und in den oberen Bodenschichten.

Vegetation. Hohe Temperaturen, geringer Niederschlag und hohe potenzielle Verdunstungswerte – so weist Kairo bei 24 mm durchschnittlichem Jahresniederschlag eine potenzielle Verdunstung von 2003 mm auf – lassen nur eine besonders angepasste Vegetation überleben. Wenn Wasser verfügbar ist, stammt es meist aus dem Bodenwasserhaushalt. Dementsprechend sind die oberirdischen Teile der Pflanzen stark reduziert, bis zu 80 % der pflanzlichen Substanz befindet sich im Boden. Dort bilden die Pflanzen ein weit ausladendes Wurzelsystem aus. An der Erdoberfläche sind demzufolge die einzelnen Pflanzen weit voneinander entfernt.

Weitere Anpassungen an die extremen klimatischen Bedingungen sind:

- Sukkulenz: Wasserspeicherung im Stängel, in Blättern und Wurzeln
- Reduktion der Verdunstung durch Verkleinerung von Blättern
- Ausbildung von sich besonders schnell entwickelnden Arten, die jahrelang im Samenstadium überdauern können und bei plötzlich eintretenden Niederschlägen eine nur wenige Tage dauernde Entwicklung vollziehen können
- Hohe osmotische Werte in den Wurzeln, um an Standorten mit hohem Salzgehalt die Wasseraufnahme durch die Wurzeln sichern zu können

Zusammenfassung: Subtropenzone

Klimazone	Subzone	Wesentliche Klimamerkmale	Mitteltemperatur		Temperatur: Jahresschwankungen	Hygrische Verhältnisse	Verwitterung, Bodenbildungsprozesse	Vorherrschende, potenzielle Vegetation
			Wärmster Monat	Kältester Monat				
Subtropenzone	7 Winterregenklimate (Westseitenklimate)	warme und feuchte Jahreszeit fallen auseinander; Mittelmeerklima	starke Schwankungen meist über 20 °C	2 °C bis 13 °C	im Gegensatz zu den Tropen erhebliche Schwankungen	mehr als 5 humide Monate	Bodenbildungsprozesse in der trockenen Zeit weitgehend unterbrochen, rote und braune Böden	Hartlaubvegetation (z. B. Lorbeer, Stechpalme; immergrüne Stein- und Korkeichen)
	8 Sommerregenklimate	warme und feuchte Jahreszeit fallen zusammen				10 bis 12 humide Monate		immergrüne und sommergrüne Wälder
	9 Steppenklimate	Feuchte Jahreszeit im Vergleich zu 7 kürzer				Meist unter 5 humide Monate		Gras-, Strauch-, Dorn- und Sukkulentensteppen
	10 Halbwüsten- und Wüstenklimate	Im Gegensatz zu 6 keine strengen Winter, aber Fröste möglich				Meist weniger als 2 humide Monate		Halbwüste, Wüste (Anpassung an die Trockenheit)

Hans-Ulrich Bender u. a.: Räume und Strukturen. Stuttgart 1984, S. 12–13

6.4 Die Tropen

Tropen: die äquatornahen Gebiete der Erde

Wendekreise: Breitenkreise bei 23° 27´ Nord und Süd; zwischen ihnen gibt es den Zenitstand der Sonne; am 21.6. steht die Sonne mittags am nördlichen Wendekreis im Zenit, am 21.12. steht sie am südlichen Wendekreis im Zenit.

Im Gegensatz zu anderen geographischen Großräumen ist eine exakte Abgrenzung der Tropen schwierig. Die Wissenschaftler sprechen davon, dass das Wesen der Tropen komplex sei, die Begriffsdefinition daher kaum eindeutig. Strahlungsklimatisch lässt sich die Tropenzone leicht festlegen: sie liegt zwischen den beiden Wendekreisen. Ein jährlicher Strahlungsüberschuss kennzeichnet diese Zone:

Weitaus gebräuchlicher ist die Abgrenzung der Tropen nach thermischen Kriterien. Während *Köppen* sich für die 18 °C-Isotherme des kühlsten Monats als Tropengrenze entschied, folgen *Troll* und *Paffen* in ihrer „Karte der Jahreszeitenklimate der Erde“ den Vorschlägen von *v. Wissmann* und grenzen die Tropenklimate gegen die warmgemäßigten Klimate mittels der Jahresisotherme von 18,3 °C und der Frostfreiheit der Tieflandklimate ab. Für die Tropen untergliedern sie fünf Subzonen, von denen zwei nochmals unterteilt sind:

1. Tropische Regenklimate ohne oder mit kurzer Unterbrechung der Regenzeit (12 bis 9 1/2 humide Monate): immergrüne tropische Regenwälder und halblaubwerfende Übergangswälder.
2. Tropisch-sommerhumide Feuchtklimate mit 9 1/2 bis 7 humiden bzw. 2 1/2 bis 5 ariden Monaten: regengrüne Feuchtwälder und feuchte Grassavannen.
   a. Tropisch-winterhumide Feuchtklimate mit 9 1/2 bis 7 humiden bzw. 2 1/2 bis 5 ariden Monaten: halblaubwerfende Übergangswälder.
3. Wechselfeuchte Tropenklimate mit 7 bis 4 1/2 humiden bzw. 5 bis 7 1/2 ariden Monaten: regengrüne Trockenwälder und Trockensavannen.
4. Tropische Trockenklimate mit 4 1/2 bis 2 humiden bzw. 7 1/2 bis 10 ariden Monaten: tropische Dorn-Sukkulenten-Wälder und -Savannen.
   a. Tropische Trockenklimate mit humiden Monaten im Winter.
5. Tropische Halbwüsten- und Wüstenklimate mit weniger als 2 humiden bzw. mehr als 10 ariden Monaten: tropische Halb- und Vollwüsten.

Zu den Besonderheiten der Tropen gehört, dass sie ein Tageszeitenklima aufweisen. Der Gegensatz zum Jahreszeitenklima, dem Klima der außertropischen Gebiete wird am jeweiligen Thermoisoplethendiagramm deutlich:

Tageszeitenklima: die täglichen Temperaturschwankungen sind größer als die jährlichen Schwankungen zu einer bestimmten Uhrzeit

Jahreszeitenklima: die jahreszeitlichen Temperaturschwankungen sind größer als die täglichen

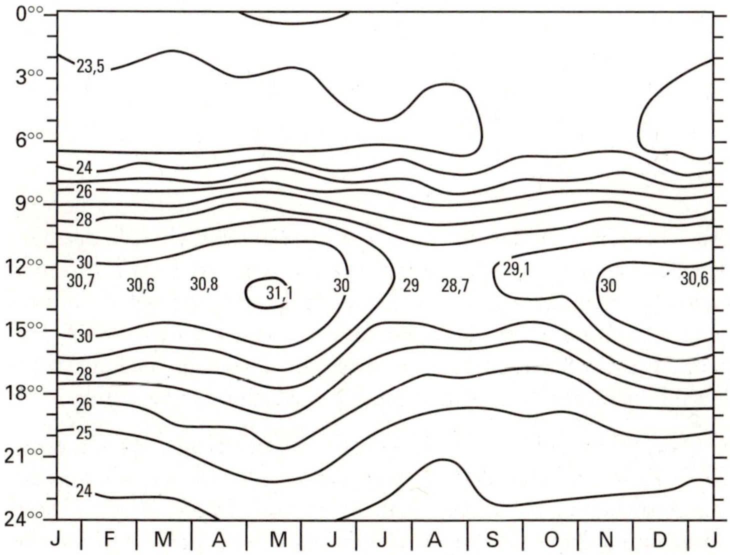

Thermoisoplethendiagramm Belem
Klaus Müller-Hohenstein: Die Landschaftsgürtel der Erde. Stuttgart 1981, S. 57

Kennzeichend sind beim Tageszeitenklima der vorwiegend waagrechte Verlauf der Isoplethen. Während einer bestimmten Tageszeit herrscht das ganz Jahr über die gleiche Temperatur, während innerhalb eines Tages große Temperaturunterschiede auftreten können. Dieser Sachverhalt wird auch mit dem Ausspruch „Die Nacht ist der Winter der Tropen“ gekennzeichnet.

Als „innere Tropen“ bezeichnet man dabei die Gebiete unmittelbar am Äquator, die identisch sind mit den immerfeuchten Tropen. Die restliche Tropenzone weist einen deutlichen Wechsel von Regen- und Trockenzeit auf und wird deshalb zu den wechselfeuchten äußeren Tropen gezählt.

Die Zone des immerfeuchten Regenwaldes

Ganzjährig hohe Temperaturen mit geringen Abweichungen vom Jahresmittelwert kennzeichnen die Zone des tropischen Regenwaldes.

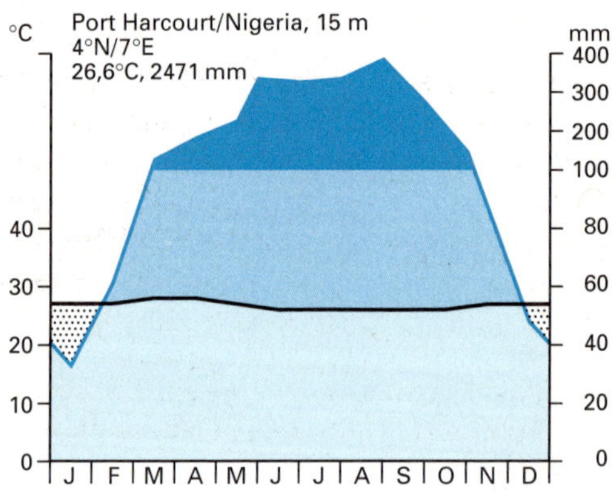

Das Klimadiagramm von Port Harcourt zeigt deutlich, dass der Niederschlag keineswegs so regelmäßig übers Jahr verteilt fällt, wie oftmals angenommen wird. Zwei Maxima treten im Mai/Juni und im August/September im Anschluss an den Zenitstand der Sonne auf. Mehrtägige Trockenperioden ohne Niederschlag sind auch im tropischen Regenwald keine Seltenheit. Somit ist auch der Tagesablauf der Witterung in den Tropen keinesfalls so gleichförmig, wie er oftmals dargestellt wird.

Die jährlichen Niederschläge betragen oft mehr als 2000 mm, in besonderen Lagen können Extremwerte von über 10000 mm erreicht werden, so in Cherrapunji (Assam/Indien) mit 10798 mm als Folge einer Staulage. Die mittlere Luftfeuchtigkeit beträgt bis zu 80 %. Ganzjährig bestimmt die äquatoriale Zirkulation mit der innertropischen Konvergenzzone (ITC) und Westwinden das Klimageschehen.

Die Hauptverbreitungsgebiete liegen im äquatornahen Bereich zwischen 10°N und 10°S. Das größte Gebiet ist das Amazonastiefland gefolgt vom westlichen Äquatorialafrika und Südostasien und Ozeanien. Insgesamt bedeckt diese Zone etwa 8 % der Festlandsfläche.

Böden. Die im Bereich der Tropen vorherrschenden Fe- und Al-oxidreichen Böden wie die Latosole weisen Mächtigkeiten von bis zu 20 m auf. Die aufgrund der intensiven chemischen Verwitterung entstehenden Zweischichttonmineralien mit ihrer geringen Kationenaustauschkapazität führen zu einer Nährstoffarmut. Der C-Horizont liegt durchschnittlich in einer Tiefe von 6–8 m. Dies ist zu tief für die meisten Pflanzenwurzeln, um von dort Nährstoffe nachzuliefern. Fehlt die Vegetation, können sich Eisen- und Aluminiumoxide so stark an der Oberfläche anreichern, dass sich sehr widerstandsfähige Krusten bilden, die eine landwirtschaftliche Nutzung verhindern.

Vegetation. Trotz der nährstoffarmen Böden bildet sich mit dem immergrünen tropischen Regenwald eine üppige Vegetationsform aus.

Die hohe Biomassenproduktion von mehr als 30 Tonnen pro Hektar (ein Buchenwald der gemäßigten Breiten produziert etwa 13 Tonnen pro Hektar) verführt immer wieder dazu, den Gebieten des tropischen Regenwaldes ein hohes agrarisches Potenzial zuzuschreiben. Dabei ist aber zu berücksichtigen, dass die hohe Biomassenproduktion der tropischen Regenwald-Ökosysteme nur unter bestimmten Voraussetzungen zustande kommt. Es sind dies:

- Klimatische Vorteile: Ein hohes Wärmeangebot mit Temperatursummen über 8 000 °C und ausreichend Niederschläge sind für die Fotosynthese optimal;
- Stockwerksbau des tropischen Regenwaldes: zwar ist die Schichtung in den einzelnen Wäldern unterschiedlich, generell können aber folgende Schichten unterschieden werden:
  - Stockwerk der Baumriesen mit einer Wuchshöhe von bis zu 60 m;
  - Baumschicht mit geschlossenem Kronendach;
  - Jungbäume und größere Sräucher;
  - Sträucher und Kräuter am Boden:

  Mit dieser Schichtung kann das einfallende Licht optimal genutzt werden und so zur hohen Produktivität beitragen.

Temperatursummen: Summe der Tagesdurchschnittstemperaturen aller Tage eines Jahres, die 10 °C im Tagesdurchschnitt überschreiten

- Artenfülle, welche das Ökosystem durch vielfältige Wechselbeziehungen stabilisiert.
- Geschlossener Nährstoffkreislauf: der größte Teil der Nährstoffe befindet sich im tropischen Regenwald im oberirdischen Teil der Vegetation. Die Nährstoffe des Laubs und weiterer Pflanzenteile, welche auf den Boden gelangen, werden nach der Zersetzung durch ein sehr dichtes oberflächennahes Wurzelsystem aus feinen Haarwurzeln und der mit ihnen vergesellschafteten Mykorrhiza aufgefangen und sofort wieder den Pflanzen zugeführt. So gelangen nur wenige Nährstoffe in den Boden. Ein Nährstoffverlust durch Ausschwemmung in den Unterboden wird weitgehend verhindert.

Mykorrhiza: Symbiose zwischen den Wurzeln höherer Pflanzen und Pilzen; die Pilze sammeln für die Pflanzen Wasser und Nährstoffkationen und erhalten von den Pflanzen die durch die Fotosynthese erzeugten Kohlenhydrate

Insbesondere der geschlossene Nährstoffkreislauf ist bei den Kulturpflanzen nicht vorhanden, so dass es hier sehr schnell zu Nährstoffverlusten im Boden kommt und die Biomassenproduktion gering bleibt. Gegenwärtig wird versucht, durch geeignete Anbaumethoden auch in diesen Gebieten eine dauerhafte agrarische Nutzung zu erreichen.

Allerdings gibt es in den feuchten Tropen auch fruchtbare Ausnahmegebiete. Auf vulkanischen Böden und auf Schwemmlandböden können selbst bei dauerhafter Nutzung sehr hohe Erträge erzielt werden.

Die wechselfeuchten Tropen

Diese Zone umfasst nach *Troll* und *Paffen* drei Klimazonen und wird auch als äußere Tropenzone oder Savannenzone bezeichnet. Diese Zone reicht beiderseits des Äquators bis zu den Wendekreisen und verläuft weitgehend breitenkreisparallel. Der Zone des tropischen Regenwaldes folgen nach Norden bzw. Süden die Feuchtsavanne, die Trockensavanne und die Dornsavanne.

Savanne: tropische Pflanzenformation, die durch das Nebeneinander von Baumbeständen und Grasflächen charakterisiert ist

Gemeinsame Kennzeichen der wechselfeuchten Tropen sind

- der Wechsel zwischen einer ariden und einer humiden Jahreszeit, welche auch als Trockenzeit und Regenzeit bezeichnet werden und
- das Tageszeitenklima, wenn auch in den Randbereichen die Jahrestemperaturamplitude kaum kleiner ist als die Tagestemperaturamplitude. Im Thermoisoplethendiagramm der Dornsavanne ist bereits deutlich der jährliche Temperaturgang mit heißem Frühjahr (April – Juni), sehr warmem Sommer (Juli – Oktober) und kühlerem Winter (November – März) erkennbar:

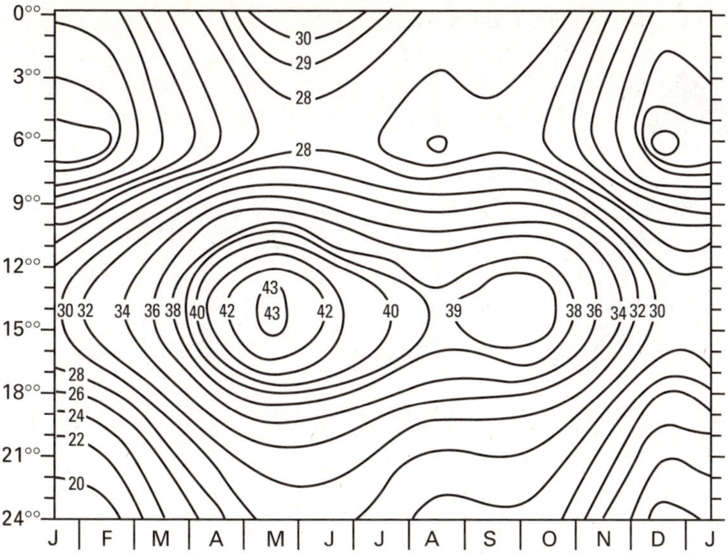

Thermoisoplethendiagramm der Dornsavanne (Timbuktu)
Klaus Müller-Hohenstein: Die Landschaftsgürtel der Erde. Stuttgart 1981, S. 91

Klima. Der Vergleich der Klimadiagramme der etwa auf dem gleichen Längenkreis der Nordhalbkugel liegenden Orte Enugu (Feuchtsavanne), Kano (Trockensavanne) und Sinder (Dornsavanne) verdeutlicht die klimatischen Gesetzmäßigkeiten der Savannenzone:

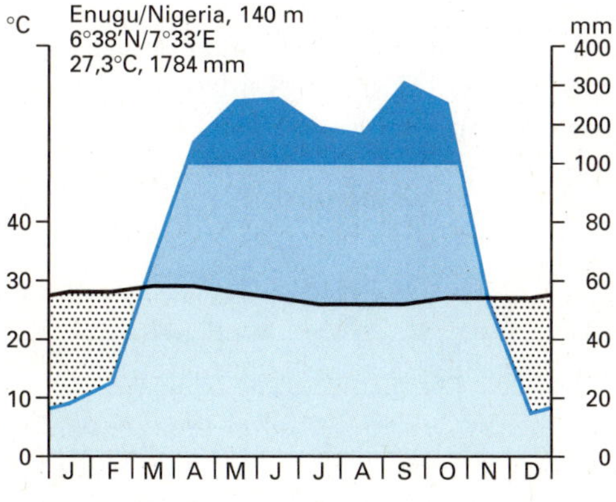

Das Klima der Feuchtsavanne

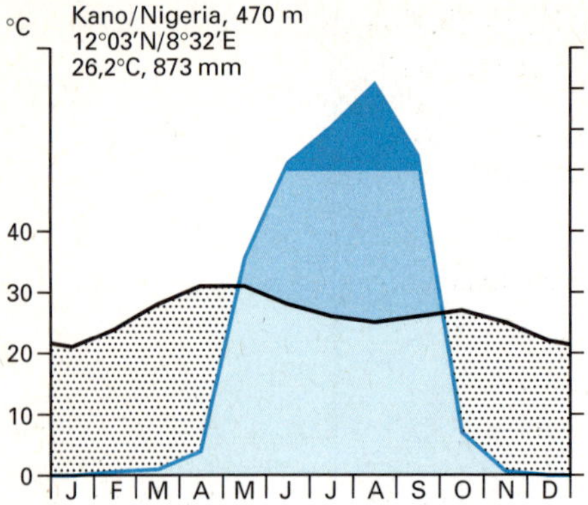

Das Klima der Trockensavanne

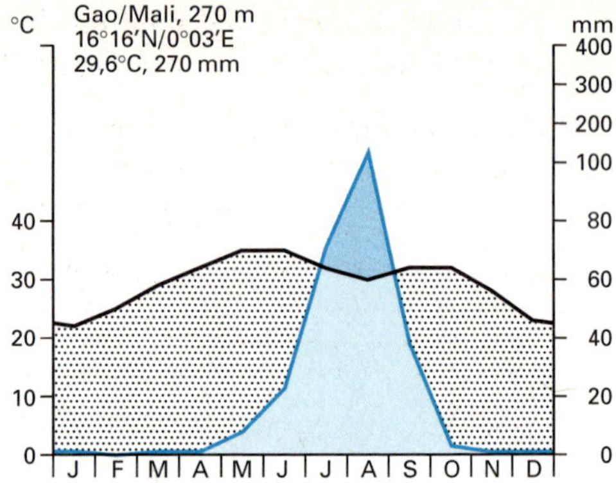

Das Klima der Dornsavanne

Die Regenzeiten und Trockenzeiten folgen der äquatorialen Zirkulation. Im Nordsommer verschiebt sich die ITC mit dem Zenitalstand der Sonne nach Norden Richtung der Wendekreise. Die Zenitalregen folgen in einigem zeitlichen Abstand dem Sonnenhöchststand. Da in Äquatornähe der Zenitalstand der Sonne zweimal auftritt, ist im Frühjahr und Herbst jeweils ein Niederschlagsmaximum zu erkennen. In Richtung Wendekreise wird nur noch ein Niederschlagsmaximum im Sommer ausgebildet. Generell verändern sich die Niederschläge zu den Wendekreisen hin:

- die Dauer der Regenzeit wird kürzer,
- die Niederschlagsmenge nimmt ab und
- die Variabilität der Niederschläge nimmt infolge der unregelmäßigen Verlagerung der ITC nach Norden zu, wie folgende Abbildung aus dem Sudan zeigt:

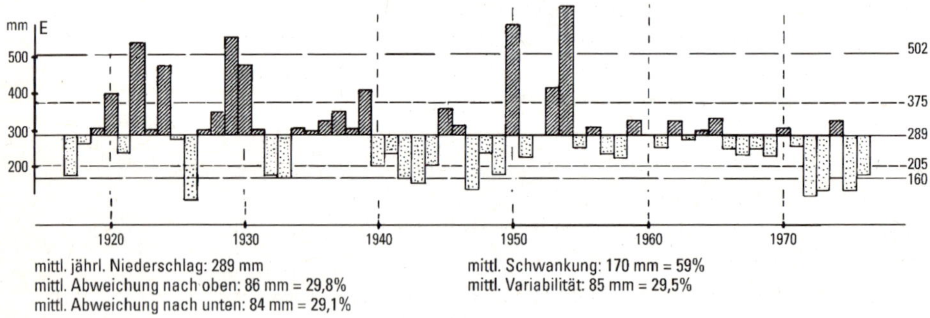

Langjährige Schwankungen der Jahresniederschläge in EL-Fasher (730 m)
Ibrahim: Desertification in Nord-Dafur. HH geographische Studien H. 35.1980. S. 16

Im Nordwinter bestimmt die nordöstliche (auf der Südhalbkugel südöstliche) Passatströmung mit trockenen Winden das Klima.

Nach Norden vergrößert sich zwar die jährliche Temperaturamplitude. Entscheidend für die klimatischen Unterschiede bleibt aber der Wechsel zwischen Regen- und Trockenzeit.

Die Variabilität der Niederschläge nimmt von der Feuchtsavanne bis zur Dornsavanne zu.

Zwischen der Feuchtsavanne und der Trockensavanne trennt die klimatische Trockengrenze Feuchttropen von den Trockentropen.

Trockengrenze: Grenze zwischen humiden und ariden Gebieten; die Trockengrenze ist wegen Niederschlagsschwankungen schwer feststellbar

Böden. Aufgrund der Variabilität der Niederschläge sind unterschiedliche Böden ausgebildet. Entscheidend ist die Verfügbarkeit von Wasser: ist es vorhanden, z. B. in Senken, kann noch chemische Verwitterung stattfinden, während an den Hängen aufgrund der dort vorherrschenden Bodentrockenheit überwiegend physikalische Verwitterung stattfindet. Der Wechsel von Trockenheit und den starken Regenfällen begünstigt die Erosion. So reichern sich in den Senken Bodensedimente an. In der Feuchtsavanne mit ihren hohen Niederschlägen sind noch die wenig fruchtbaren Latosole zu finden. In der Trocken- und Dornsavanne finden sich nährstoffreichere braunrote und braune tropische Böden geringer Mächtigkeit. Je trockener das Klima wird, desto größer ist die Gefahr der Ablagerung von Salz- und Karbonatkrusten an der Oberfläche.

Vegetation. Die Vegetation der Savannen verändert sich großräumig entsprechend dem Niederschlag, während lokal vor allem Relief und Bodenbeschaffenheit prägend sind. Von der Feuchtsavanne mit Wäldern mit offenem Kronendach und einem Unterwuchs aus Gras bis zur Dornsavanne, in der Gräser vorherrschen und vereinzelt Dornsträucher, ändert sich die Vegetation der Savanne. Um die knapper werdenden Niederschlagsmengen konkurrieren Bäume bzw. Sträucher und Gräser. Bäume und Sträucher benötigen mehr Wasser als Gräser. Liegen in der Dornsavanne die Niederschläge unter 200 Millimetern, können im Allgemeinen nur Gräser die Trockenzeit überdauern. Wird in der Trockensavanne ein Wert von 200 Millimetern im Jahr überschritten, können Sträucher und bei steigender Niederschlagsmenge auch niedrige, in der Trockenzeit laubwerfende Bäume mit tiefen Wurzeln überdauern. Bei einem Jahresniederschlag von mehr als 400 Millimetern gibt es auch in der Trockenzeit noch genug Wasser, dass in der Feuchtsavanne niedrige Bäume und Sträucher auch dichter wachsen, ein ganzjähriges Kronendach ausbilden und das Wachstum der Gräser durch Beschattung beschränken können. Hochwüchsige Bäume verlieren auch in der Feuchtsavanne in der Trockenheit als Schutz vor übermäßiger Verdunstung ihre Blätter.

Zusammenfassung: Tropenzone

Klimazone	Subzone	Wesentliche Klimamerkmale	Mitteltemperatur		Temperatur: Jahresschwankungen	Hygrische Verhältnisse	Verwitterung, Bodenbildungsprozesse	Vorherrschende, potenzielle Vegetation
			Wärmster Monat	Kältester Monat				
Tropenzone	11 Halbwüsten und Wüstenklimate	im Gegensatz zu 10 ganzjährig	im Tiefland über 18 °C	im Tiefland über 18 °C	gering (meist unter 10 °C) (keine thermischen Jahreszeiten; Tages-Schwankungen der Temperatur größer als Jahres-Schwankungen der Monatsmittel)	weniger als 2 humide Monate	Wüstenböden	Halbwüste, Wüste (Anpassung der Pflanzen an die Trockenheit)
	12 Klimate der Dornsavannen	12 bis 14 Wechsel von Regenzeit und Trockenzeit; Jahresniederschläge zunehmend, ebenso Länge der Regenzeit				2 bis 4 1/2 humide Monate	fersiallitische Böden	Dornwälder und Dornsavannen
	13 Klimate der Trockenwälder und Trockensavannen	relativ gleichmäßige und hohe Niederschläge				4 1/2 bis 7 humide Monate		regengrüne Trockenwälder und Trockensavannen
	14 Klimate der Feuchtwälder und Feuchtsavannen					7 bis 9 1/2 humide Monate	15 und Teile von 14: ferrallitische Böden (Laterite, Latosole)	immergrüne und regengrüne Feuchtwälder und Feuchtsavannen
	15 Tropische Regenwaldklimate					9 1/2 bis 12 humide Monate, meist über 1500 mm	intensive tiefgründige chemische Verwitterung	immergrüne tropische Regenwälder

Hans-Ulrich Bender u. a.: Räume und Strukturen. Stuttgart 1984, S. 12–13

6.5 Die Höhenstufen

Die vertikale Stufung der Geozonen in Höhenstufen wird durch den mit zunehmender Höhe abnehmenden Luftdruck und die ebenfalls abnehmende Temperatur beeinflusst. Die vertikale Gliederung entspricht dabei der horizontalen Vegetationszonierung:

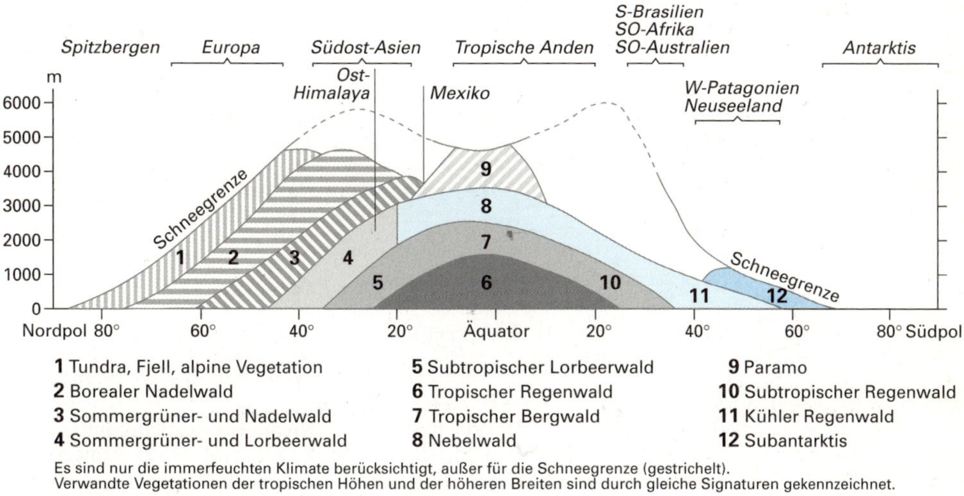

Höhenstufen der Vegetation
Hans-Ulrich Bender u. a.: Landschaftszonen. Stuttgart 1988, s. 27)

Die einzelnen Stufen haben meist keine markanten Grenzen, sondern gehen allmählich ineinander über. Die Ausbildung der einzelnen Stufen unterliegt dabei noch starken lokalen Einflüssen. So beeinflussen Sonnen- oder Schattenhang, Luv- oder Leelage den Höhenverlauf der einzelnen Stufen erheblich.

Dabei folgen in den Alpen vertikal aufeinander:

- Montane Stufe: bis etwa 2000 m. Im unteren Bereich dieser Stufe finden sich noch Laubmischwälder, höher Nadelwald.
- Alpine Stufe: liegt überhalb der Baumgrenze und wird auch Mattenstufe genannt. Ihre charakteristische Vegetation besteht aus Zwergsträuchern, Kräutern und Gräsern. Die Wiesen werden auch Matten genannt und als Weiden genutzt.
- Nivale Stufe: auch als Höhenstufe des ewigen Schnees bezeichnet. Sie beginnt in den Alpen bei etwa 2600 m.

Eine Besonderheit stellen die tropischen Hochgebirge dar. Wie die tropischen Tiefländer sind sie durch ein Tageszeitenklima gekennzeichnet. Thermische Jahreszeiten wie in den außertropischen Gebirgen fehlen. Die folgende Tabelle verdeutlicht die vertikale Stufung der tropischen Gebirge:

Höhenstufe	**Höhengrenze**	**Vegetation**
Tierra caliente (heißes Land)	1000 m	Tropischer Regenwald *Anbau von Wärme liebenden Kulturpflanzen*
Tierra templada (gemäßigtes Land)	2000 m	Bergregenwald *Anbau von Kaffee*
Tierra fria (kaltes Land)	3500 m	Nebelwald (entsteht auf der Basis ganzjährig hohen Nebel- und Tauniederschlags) *Anbau von Kartoffeln und Getreide*
Tierra helada (eisiges Land)	Ab 3500 m	Bereich der tropischen Hochweiden (Paramo) mit polsterartigen Pflanzen
Tierra nevada (Schneeland)	Oberhalb von 4700 m	Nivale Höhenstufe mit vereinzelten Polsterpflanzen *Frostschuttzone*

6.6 Abi-Übung: Geozonen

Die üppige Vegetation des tropischen Regenwaldes mit seiner hohen Biomassenproduktion verführt zu der Annahme, dass die Gebiete des tropischen Regenwaldes überaus fruchtbar seien.

1. Begründen Sie die geringe Fruchtbarkeit eines Latosols im immerfeuchten tropischen Klima (Abb. 2).

2. Erklären Sie die Anpassungen des tropischen Regenwaldes an das immerfeuchte tropische Klima, die zur hohen Biomassenproduktion führen (Abb. 1).

Im Allgemeinen stark stufiger Aufbau. 60–100 Baumarten/ha, meist mit großen ledrigen Blättern: mit Träufelspitze und Wasserkelchen.

1 Hartblättrige Epiphyten (z. B. Bromeliaceen)
2 Weichblättrige Epiphyten (z. B. Begoniaceen, Piperaceen)
3 Epiphytische Orchideen
4 Palmen
5 Spreizklimmer
6 Kleinkronige, gerade, schlanke Stämme mit dünner Rinde
7 Rankenliane
8 Weichblättrige Kräuter (Begonia, Araceen)
9 Farne
10 Kauliflorie (Bäume, deren Blüten und Früchte direkt am Stamm bzw. an den starken Hauptästen treiben; z. B. Kakaobaum)
11 Hochstauden (z. B. Bananen)
12 Würger
13 Brettwurzeln (Wurzelmasse in den oberen 20 bis 30 cm des Bodens konzentriert)

Abb. 1: Tropischer Regenwald
Frank Klötzli. In: Tropenwelt. Bern: Kümmerly + Frey 1976, S.36

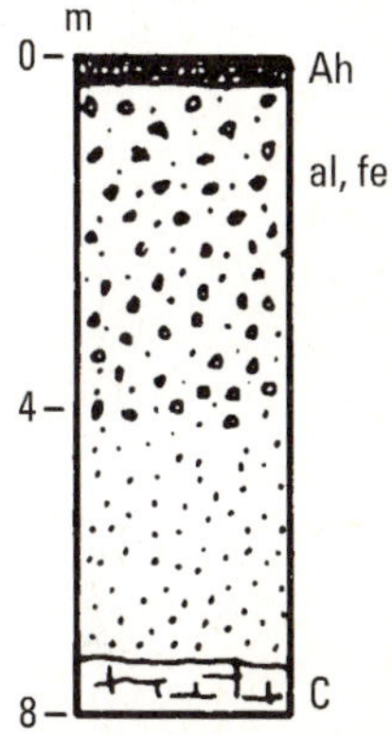

Abb. 2: Latosol
Hans-Ulrich Bender u. a.: Fundamente. Stuttgart 1995, S. 46

Anhang

Komplexe Abituraufgabe

Die Landwirtschaft eines Landes wird unter anderem von naturgeographischen Faktoren bestimmt. Dies soll am Beispiel der GUS-Staaten analysiert werden.

Die GUS-Staaten lassen sich hinsichtlich Klima und Vegetation großräumig gliedern. Zwischen dem 40. und 50. Längenkreis erstrecken sich die Klimazonen

- polare Zone mit Taiga,
- gemäßigte Zone mit kontinentalem Klima,
- Steppenklima der gemäßigten Zonen und
- Halbwüsten- und Wüstenklima der gemäßigten Breiten.

1. Erstellen Sie aus den Daten der Tabelle 1 die Klimadiagramme 1–4 und ordnen Sie diese den entsprechenden Klimazonen zu. Begründen Sie ihre Zuordnung.

		Jan	Feb	Mrz	Apr	Mai	Jun	Jul	Aug	Sep	Okt	Nov	Dez	Jahr
Station 1	°C	-10	-8	-4	4	13	16	19	17	11	4	-2	-7	4
	mm	28	23	31	38	48	51	71	74	56	36	41	38	533
Station 2	°C	-7	-5	0	9	18	23	25	23	17	10	2	-3	9
	mm	12	13	9	16	15	19	12	10	16	10	16	15	162
Station 3	°C	-13	-12	-8	-1	6	12	16	13	8	1	-5	-10	0,6
	mm	33	28	28	28	39	59	63	57	66	55	44	39	539
Station 4	°C	-10	-9	-3	8	17	21	24	22	16	8	0	-6	7
	mm	23	20	18	19	27	40	33	23	27	23	34	31	318

Tabelle 1: Klimastationen

Das Klima der Station 1 wird im Sommer durch Ausläufer des Islandtiefs und im Winter durch das Zentralrussische Hoch beeinflusst.

2. Erläutern Sie die Entstehung dieser Druckgebilde aus der planetarischen Zirkulation und erklären Sie aus den unterschiedlichen Luftdruckverhältnissen die Niederschlagsverhältnisse dieser Station.

Klima und Vegetation sind wichtige Bodenbildungsfaktoren.

3. Stellen Sie dar, welche Bodentypen Sie aufgrund der Bodenbildungsfaktoren im Bereich der Stationen 2 und 3 erwarten.

Die Schwarzerdegebiete des südlichen Wolgaraumes gelten als wichtige Kornkammern.

4. Erörtern Sie, weshalb insbesondere die Schwarzerdegebiete des Wolgaraumes zusammen mit der Ukraine für die GUS-Staaten von überragender Bedeutung als Agrarraum sind.

Register

Bei den kursiv gedruckten Seitenverweisen finden Sie Erläuterungen der Begriffe.

A

B

C

D

E

Lösung Abi-Übung: endogene und exogene Dynamik (Seite 44/45)

Aufgabe 1

Deutlich sind in der Abbildung gefaltete Gesteinsschichten erkennbar, die wie Decken aufeinander liegen. Dies ist der Hinweis darauf, dass sich bei diesem Gebirge ursprünglich um ein Faltengebirge handelt, das zum Deckengebirge umgeformt wurde.

Die Bildung eines Deckengebirges läuft in folgenden Schritten ab:

- Bildung einer Synklinalen, die mit Meeressedimenten gefüllt wird.
- Durch seitlichen Schub wird die Synklinale eingeengt und wellenförmig verfaltet. Einzelne Faltenrücken tauchen aus dem Meer auf.
- Anhaltender Schub verengt die Synklinale weiter. Die Falten werden höher und kippen. Als Decken liegen sie aufeinander.
- Aufgrund von unterschiedlichen Gesteinen, die an der Erdoberfläche anstehen, setzt eine selektive Erosion ein und modelliert die aktuelle Form des Gebirges heraus.

Aufgabe 2

A. **Grundmoräne:** Stammt aus der letzten Eiszeit. Das Grundmoränenmaterial wird vom Gletscher am Boden bewegt und abgelagert. Es weist keine regelmäßige Schichtung und Sortierung auf.

B. **jüngere Glazialschotter:** Die Glazialschotter entstanden während bzw. nach der letzten Vereisung durch Ablagerung von Gesteinsmaterial, das der Gletscher herantransportierte und das durch Schmelzwasser weitertransportiert wurde, bis es bei nachlassender Fließgeschwindigkeit abgelagert wurde.

C. **Endmoräne:** Entsteht aus dem Material, das der Gletscher an seiner Stirnseite vor sich herschiebt und beim Stillstand ablagert. Die Endmoränen zeigen das äußerste Vorrücken der Gletscher während einer Eiszeit, hier während der letzten Eiszeit an.

D. **Drumlins:** Sie treten hier in typischen Schwarmformen auf. Drumlins sind während der letzten Eiszeit entstanden, als älteres Grundmoränenmaterial vom vorrückenden Gletscher überformt wurde. Drumlins zeigen mit ihrer steilen Hangseite in die Richtung, aus der der Gletscher vorrückte.

Aufgabe 3

Die Terrassen auf der linken Hälfte der Abbildung gehören zum Oberlauf eines Flusses, die auf der rechten Seite zum Unterlauf. Begründung:

Oberlauf: In den Warmzeiten gibt es einen Wasserüberschuss von den Schmelzwässern des Gletschers.
Dies führt im gletschernahen Bereich zur verstärkten Erosion und damit zur Eintiefung des Flusses.
In den Kaltzeiten herrscht Wassermangel vor: der Fluss ist in seiner Transportleistung sehr stark eingeschränkt und sedimentiert deshalb.

Unterlauf: In Warmzeiten transportiert der Fluss aufgrund des hohen Wasserangebots viel Material mit sich. Im Unterlauf ist das Gefälle sehr gering, die Fliessgeschwindigkeit verringert sich und der Fluss sedimentiert ab.

Während der Kaltzeiten transportiert der Fluss wenig Fracht und kann sich deshalb eintiefen.

Lösung Abi-Übung: Klimatologie (Seite 82)

Aufgabe 1

Die Unterschiede bei den einzelnen Stationen sind durch folgende Faktoren bedingt:

- Land-Meer-Verteilung bzw. Kontinentalität und Ozeanität:
  Dies hat eine Zunahme der Temperaturamplitude zwischen Januar und Juli zur Folge.
  Beispiele hierfür sind:
  – Juneau (ozeanisch)/Churchill (kontinental)
  – Ochotsk (ozeanisch)/Kirensk (kontinental)

- Warme und kalte Meeresströmungen:
  – ozeanisch sehr mildes Klima durch warme Meeresströmungen: Bergen (Golfstrom), Juneau (Pazifischer Strom)
  – kälteres Klima durch kalte Meeresströmung: Ochotsk (Oya-Shio-Strömung)

- Relief:
  – Luvlage: Bergen, Juneau
  – Leelage: Stockholm, Fort Nelson

Aufgabe 2

Die Zuordnung der einzelnen Klimatabellen zu den Stationen kann so erfolgen:

- Lokalisieren der drei Stationen Miami, St. Louis und San Francisco
- Feststellen der jeweiligen Klimazone mit Hilfe des Atlasses
- Zuordnen der Klimatabellen zu den Stationen bzw. Klimazonen; dabei ist die Verwendung eines Klimadiagramms sinnvoll

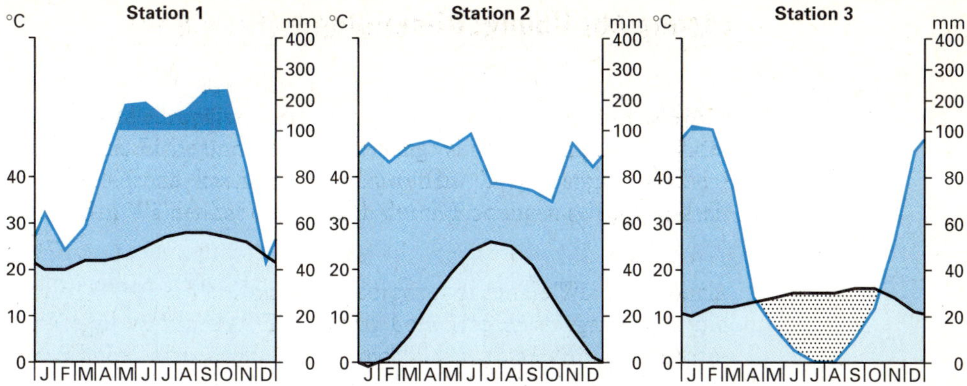

Deutlich ist an den Klimadiagrammen erkennbar, dass es sich bei

- Station 1 aufgrund der hohen Niederschläge im Sommer und der relativ hohen Temperaturen um ein sommerfeuchtes Subtropenklima handelt;
- Station 2 um kontinentales Klima der gemäßigten Breiten handelt; erkennbar wird dies an der hohen Temperaturamplitude und der ganzjährigen Humidität;
- Station 3 aufgrund der Niederschlagsverteilung und der Temperaturen um ein sommertrockenes Subtropenklima handelt.

So kann Station 1 dem Ort Miami, Station 2 St. Louis und Station 3 San Francisco zugeordnet werden.

Folgende Winde herrschen bei den drei Stationen vor:

Station	**Sommer**	**Winter**
Miami	Nordostpassate, bringen monsunartige Niederschläge	Außertropische Zyklonen, Nordostpassate
St. Louis	Westwinde der gemäßigten Breiten mit Zyklonen	Westwinde der gemäßigten Breiten mit Zyklonen
San Francisco	Antizyklonen des subtropisch-randtropischen Hochdruckgürtels	Westwinde der gemäßigten Breiten mit Zyklonen

Lösung Abi-Übung: Geozonen (Seite 143)

Aufgabe 1

Beim Latosol ist die Versorgung mit Nährstoffkationen stark eingeschränkt:

- Aufgrund der intensiven chemischen Verwitterung, begünstigt durch ganzjährige hohe Temperaturen und hohen Niederschlag, entstehen im Bereich der tropischen Regenwälder im Boden vorwiegend Zweischichttonminerale. Diese weisen eine geringe Kationenaustauschkapazität auf.
- Infolge der tiefgründigen Verwitterung ist eine Mineralzufuhr aus dem Ausgangsgestein sehr eingeschränkt.
- Der nach unten gerichtete Bodenwasserstrom nimmt durch Düngung eingebrachte Nährstoffkationen in den für Pflanzenwurzeln unerreichbaren tieferen Teil des Bodens mit.
- Zudem weisen diese Böden eine schlechte Durchwurzelbarkeit auf.

Aufgabe 2

Zu den Anpassungen des tropischen Regenwaldes, die zu einer hohen Biomassenproduktion führen, gehören:

- Geschlossener Nährstoffkreislauf: Wurzelpilze (Mykorrhizen) haben die Fähigkeit, Pflanzennährstoffe festzuhalten. Sie wirken als Nährstoffspeicher und Nährstoffpumpen, die die Nährstoffe der Waldstreu direkt zu den Wurzeln der Pflanzen zurückführen und die fehlende Kationenspeicherkapazität der Tonminerale ersetzen. Das gesamte Wurzelsystem liegt dabei dicht an der Oberfläche.
- Artenreichtum: Der Artenreichtum garantiert, dass durch unterschiedlichste Pflanzen alle zur Verfügung stehenden Nährstoffe optimal genutzt werden können.
- Stockwerksbau: Die Anordnung der Pflanzen in verschiedenen Stockwerken gewährleistet eine optimale Ausnutzung des Energieangebots in Form von Sonnenlicht. Gleichzeitig kann der Niederschlag von allen Pflanzen genutzt werden. Das langsam vom Kronendach zum Boden tropfende Wasser verdunstet teilweise auf den Blattflächen und sorgt mit dem über die Blatttranspiration abgegebenen Wasser für eine hohe Luftfeuchtigkeit im Wald.

Lösung: komplexe Abituraufgabe (S. 144 ff.)

Aufgabe 1

Die Klimadiagramme der Stationen 1 bis 4 weisen folgenden Verlauf auf:

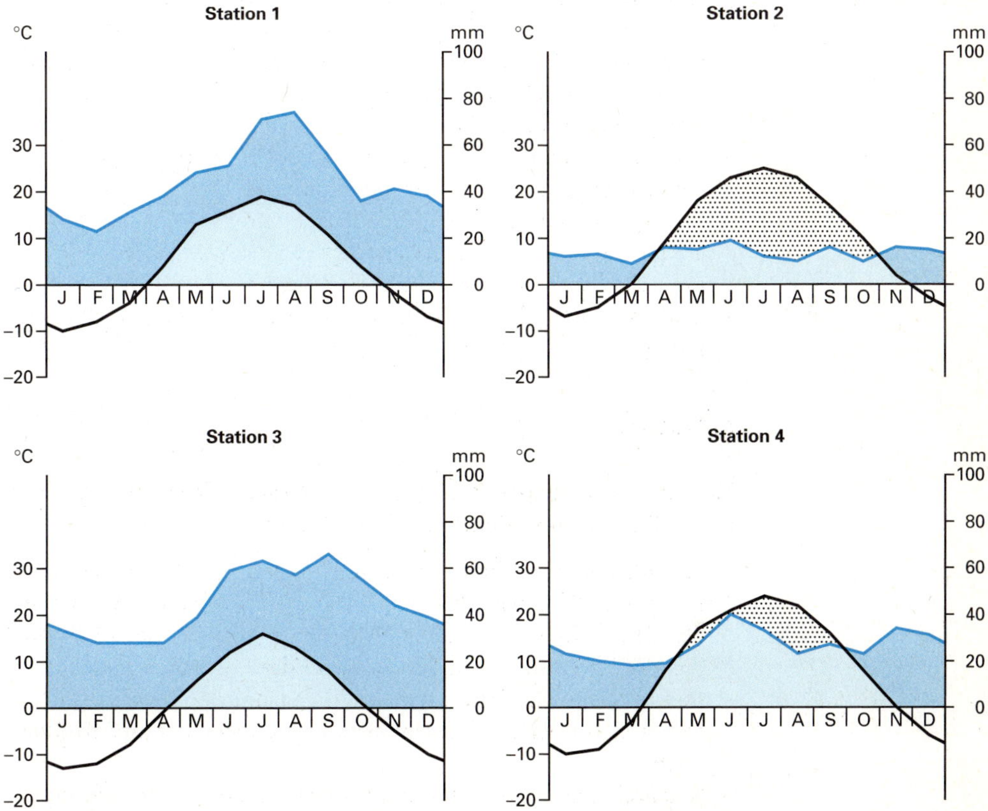

(Station 1 ist Moskau, Station 2 Astrachan, Station 3 Archangelsk und Station 4 Wolgograd.)

Die Zuordnung der einzelnen Stationen zu den Klimazonen erfolgt nach den beiden Kriterien Temperatur und Niederschlag.

- Temperatur: Ordnet man die Stationen nach der Jahresdurchschnittstemperatur, so weist Station 3 mit 1 °C die geringste Durchschnittstemperatur auf. Ihr folgen Station 1 mit 4 °C und Station 4 mit 7 °C. Die höchste Temperatur hat Station 2 mit 9 °C. Damit können die Stationen von Nord nach Süd so angeordnet werden, dass Station 3 am weitesten im Norden liegt. Nach Süden

folgen dann Station 1, 4 und 2. Voraussetzung für diese Anordnung ist, dass die Jahresdurchschnittstemperatur nicht sehr stark durch die Höhenlage der jeweiligen Station beeinträchtigt wird.
- Alle vier Stationen weisen zudem eine hohe Temperaturamplitude zwischen dem kältesten und wärmsten Monat auf, die zwischen 29 und 34 °C liegt. Damit ist das jeweilige Klima kontinental.
- Hinsichtlich des Niederschlags ergibt sich die gleiche Anordnung der Stationen:

Station	°C	mm
3	1	539
1	4	533
4	7	318
2	9	162

Die Stationen 1 und 3 sind dabei ganzjährig humid, die Station 4 hat 5 aride Monate und 6 aride Monate gibt es bei Station 2.

Aus diesen Daten lässt sich folgende Zuordnung der einzelnen Stationen zu Klimazonen begründen:

Kalte Zone Station 3, Zone der gemäßigten Breiten mit kontinentalem Klima Station 1. Station 2 und 4 gehören ebenfalls noch zur gemäßigten Zone. Sie sind aber aufgrund des Niederschlags und ihrer ariden Jahreszeiten im Sommer der Klimazone der winterkalten Steppe (Station 4) und der Klimazone der Halbwüste der gemäßigten Breiten (Station 2) zuzuordnen.

Aufgabe 2

Die Station gehört zur gemäßigten Zone mit stark kontinentalem Einfluss. Ihr Wettergeschehen wird durch die jahreszeitlich bedingte Verlagerung der planetarischen Frontalzone bestimmt.

Das Islandtief gehört zu den am Nordrand der planetarischen Frontalzone dynamisch entstehenden Tiefdruckgebieten. Diese entstehen dadurch, dass sich durch das Mäandrieren des Polarfront-Jets in 6 bis 10 km Höhe Konvergenzen im Wellental eines Mäanders und Divergenzen im Wellenberg bilden. Damit verändert sich der Luftdruck im Polarfront-Jet: im Konvergenzbereich wird er erhöht und führt am Boden zu Hochdruck, im Bereich einer Divergenz wird er erniedrigt und erzeugt Tiefdruck am Boden. Die so entstandene Zyklone dreht sich im Gegenuhrzeigersinn und wird mit dem Polarfront-Jet nach Osten geführt.

Im Winter liegt die planetarische Frontalzone weiter südlich. Das Wettergeschehen der Station 1 wird dann überwiegend vom zentralrussischen Kältehoch bestimmt. Diese Kältehoch entsteht dadurch, dass sich über dem asiatischen Kontinent infolge lang andauernder negativer Strahlungsbilanz die Luft stärker abkühlt als über den Ozeanen. Dadurch sinkt die Luft stärker ab und verstärkt so im Vergleich zu den umliegenden Regionen den Druck am Boden.

Im Vergleich zum Islandtief entsteht dieses Kältehoch aufgrund thermischer Unterschiede.

Mit 74 mm Niederschlag liegt das Niederschlagsmaximum der Station 1 im August, das Minimum mit 28 mm im Januar.

Ursache für diese Niederschlagsverteilung sind Islandtief im Sommer und Zentralrussisches Hoch im Winter. Im Sommer bringen die Ausläufer des Islandtiefs feuchte Luftmassen vom Nordatlantik aus dem Westen heran. Der Durchzug einer Warmfront führt zu länger andauernden Landregen, die Kaltfront bringt Schauerbewölkung.

Überwiegend hoher Luftdruck im Winter verhindert den Durchzug von Tiefausläufern.

Aufgabe 3

Das Klima der Station 2 lässt sich als winterkaltes Halbwüstenklima mit 6 ariden Monaten im Sommerhalbjahr beschreiben. Die Vegetationsperiode wird im Sommer durch die Aridität und ganzjährig durch den geringen Jahresniederschlag stark eingeschränkt, so dass nur eine sehr spärliche Vegetation zu erwarten ist. Die vorkommenden Pflanzen sind teils mit tiefen Wurzeln, teils mit harten Blättern an die extremen Standortbedingungen angepasst. Sukkulenten speichern das Wasser über die lange Trockenzeit im Sommer. Insgesamt wird wenig Biomasse produziert, so dass auch wenig Humus gebildet wird.

Aufgrund des fehlenden Niederschlags im Sommer und der tiefen Temperaturen im Winter überwiegt die physikalische Verwitterung. Das Ausgangsgestein wird durch die Temperaturverwitterung und Frostsprengung nur grob zerkleinert. Die Feuchtigkeit im Winterhalbjahr führt bei Temperaturen über 0 °C zu einer schwachen chemischen Verwitterung.

Als Ergebnis entsteht ein weitgehend grobkörniger Rohboden mit einem minimalen Humusanteil.

Im Bereich der Station 3 herrscht ein ganzjährig humides, kaltgemäßigtes Klima. Die Vegetationsperiode mit mehr als 5 °C dauert von Mai bis September. Kältester Monat mit -13 °C ist der Januar, wärmster mit +16 °C der Juli. Der boreale Nadelwald ist die vorherrschende Pflanzenformation.

Die Bodenbildung wird durch folgende Faktoren beeinflusst:

- Aufgrund der ganzjährig hohen Niederschläge kommt es zu einem nach unten gerichteten Bodenwasserstrom: Fe- und Al-Verbindungen werden aus dem Oberboden ausgewaschen und im Unterboden angereichert. Dort findet eine Verbackung zu hartem Ortstein statt.
- Niedrige Temperaturen und eine schlecht zersetzbare Nadelstreu führen zur Bildung eines saueren Rohhumushorizontes. Im sauren Milieu werden Tonminerale zerstört und Kalk ausgewaschen.

Ein Podsol mit geringer Fruchtbarkeit ist der typische Boden der borealen Nadelwaldgebiete.

Aufgabe 4

Die Schwarzerdegebiete sind aus zwei Gründen von überragender Bedeutung für die Landwirtschaft in den GUS-Staaten:

- Grund 1: Die Fruchtbarkeit der Schwarzerde

Schwarzerde hat aufgrund folgender Eigenschaften eine sehr hohe Bodenfruchtbarkeit:

- Gute Durchlüftung des Bodens durch ein poröses Krümelgefüge
- Gute Wasserspeicherkapazität
- Hohe Kationenaustauschkapazität durch einen hohen Anteil an Huminstoffen und Tonmineralien
- Bodentiere arbeiten die organische Substanz – Streu und Zersetzungsreste – gut in den Boden ein.

- Grund 2: Die anderen Gebiete sind landwirtschaftlich nur eingeschränkt nutzbar.

- Im Norden verhindern kurze Vegetationsperioden, tiefe Temperaturen und schlechte Böden, insbesondere Podsole und der Dauerfrostboden eine agrarische Nutzung.

- Im Süden ist es zu trocken für eine landwirtschaftliche Nutzung. Die Böden sind als Rohböden für eine agrarische Nutzung nicht nutzbar. Winderosion trägt zudem die obersten Bodenschichten fort.
- Nach Osten hin wird durch den starken kontinentalen Einfluss die Vegetationszeit sehr stark verkürzt. Der weitflächig verbreitete Dauerfrostboden schränkt eine Nutzung weitgehend ein.
- Etwa 50 % der Landesfläche werden von Gebirgen eingenommen.
- 75 % der Landesfläche werden durch Wälder und Ödland bedeckt.

Damit ist der Anteil der Landfläche der GUS-Staaten, der agrarisch intensiv genutzt werden kann, zum großen Teil auf die Schwarzerdegebiete beschränkt.